机械工程控制基础实验教程

（第二版）

罗忠　王菲　于清文　李晖　韩萍　编著

科学出版社
北　京

内 容 简 介

本书围绕机械工程自动控制学科教学主线构建实验教学体系，包括基本认知实验、系统建模实验、系统分析实验、控制系统设计实验等，在现有实验设备基础上进行工作台位置控制实验、磁悬浮控制实验、模拟电路控制实验等物理实验的同时，开展计算机虚拟实验。

全书共 7 章，主要内容包括自动控制系统认知、自动控制系统的数学描述、线性系统的时域分析方法、线性系统的频域分析方法、线性系统的根轨迹分析方法、控制器设计实验、机器视觉实验等。

本书可作为机械工程控制基础课程的配套实验教材，也可供相关工程技术人员参考。

图书在版编目(CIP)数据

机械工程控制基础实验教程 / 罗忠等编著. -- 2 版. --北京 : 科学出版社, 2024. 11. --ISBN 978-7-03-080318-4

Ⅰ. TH-39

中国国家版本馆 CIP 数据核字第 2024G88940 号

责任编辑：朱晓颖 / 责任校对：王　瑞
责任印制：赵　博 / 封面设计：迷底书装

科学出版社 出版
北京东黄城根北街 16 号
邮政编码：100717
http://www.sciencep.com
天津市新科印刷有限公司印刷
科学出版社发行　各地新华书店经销
*
2014 年 11 月第　一　版　开本：787×1092　1/16
2024 年 11 月第　二　版　印张：10
2025 年 1 月第三次印刷　字数：252 000

定价：49.00 元

前　言

机械工程自动控制是一门技术科学，它研究自动控制理论的基本原理及其在机械工程中的应用，当前机械制造技术正向着智能制造高度自动化方向发展，实验实践教学越来越重要。机械工程自动控制实验教学着重培养学生的综合分析能力和创新设计能力，是机械工程自动控制学科教学中不可缺少的实践性教学环节。

近年来，针对国家级一流本科课程和国家精品在线开放课程“机械工程控制基础”，编者先后编写出版了《机械工程控制基础》、《机械工程控制基础学习辅导与习题解答》和《机械工程控制基础实验教程》三本配套教材。本书是在王菲、罗忠等编写的《机械工程控制基础实验教程》(科学出版社出版)的基础上修订而成的。在原书十年的使用过程中，课程组收到众多兄弟院校师生的积极鼓励和宝贵建议，并结合普通高等教育本科教学改革研究项目完成的精品开放课程改革研究与实践建设研究成果，以及“机械工程控制基础”课程实验条件建设等项目支持，进一步统一规范了机械工程经典控制理论相关概念，丰富了机械工程控制基础实验内容，以适应新工科背景下的新形势和新需求，提高学生和读者的学习效率与质量。第二版教材围绕机械工程自动控制学科教学主线构建实验教学体系，从基本认知实验到控制系统设计实验，逐步深入培养学生的综合分析能力和创新设计能力。在实验项目的开发和配置方面，在原有的实验项目基础上，增加了综合性、研究型实验项目；注重实验手段的多样化，在熟悉自动控制原理实验的同时，扩展机器视觉等先进实验内容。本书与《机械工程控制基础(第四版)》和《机械工程控制基础学习辅导与习题解答(第三版)》配套出版。

本书由罗忠、王菲、于清文、李晖和韩萍共同修订。本书参考了兄弟院校的同类教材和论文，在此对这些教材的编著者和论文作者表示诚挚的感谢。另外，特别感谢闻邦椿院士在本书修订过程中给予的指导和支持，同时感谢柳洪义教授为本书奠定的良好基础。感谢科学出版社、东北大学教务处、东北大学机械工程与自动化学院和有关专家给予的大力支持。

由于编者水平有限，书中难免有疏漏之处，恳请读者批评指正。

编　者

2024 年 5 月于东北大学

前言

目　　录

第 1 章　自动控制系统认知

1.1　引　　言

所谓自动控制，是指在没人直接参与的情况下，利用外加设备或装置使被控对象或过程按照预定的规律运行。能够实现自动控制任务的系统称为自动控制系统。简单的自动控制系统通过机械系统自身的机构实现检测调节功能，如水位控制系统和蒸汽机转速控制系统等。但随着科学技术的发展，机械系统越来越复杂，将机械与电子融合在一起逐渐产生了机电一体化系统。反馈控制系统是完整而典型的自动控制系统。图 1.1 为典型反馈控制系统的组成图。各种功能不同的元件，从整体上构成一个系统来完成一定的任务。

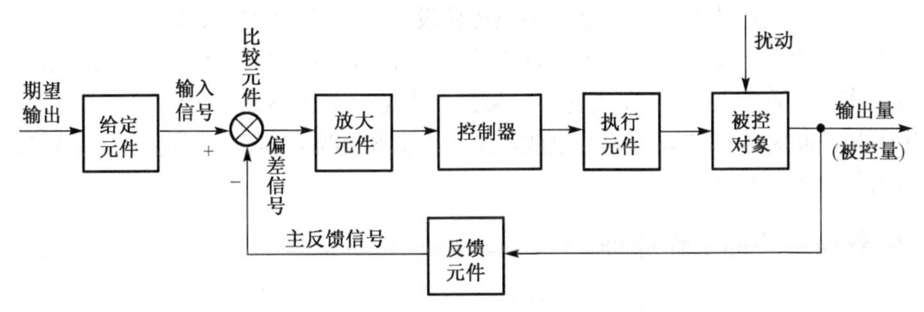

图 1.1　典型反馈控制系统的组成图

对控制系统的要求可简要概括为三个字：稳、快、准。

(1)稳：稳定性。

稳定性是指系统在受到外部作用之后的动态过程的倾向和恢复平衡状态的能力。不稳定的系统是无法工作的。因此，控制系统的稳定性是控制系统分析和设计的首要内容。

(2)快：快速性。

系统在稳定的前提下，响应的快速性是指系统消除实际输出量与稳态输出量之间误差的快慢程度。反映系统敏捷性，即动态过程要短且振荡要适中。

(3)准：准确性。

准确性是指在系统达到稳定状态后，系统实际输出量与给定的希望输出量之间的误差大小，又称为稳态精度。系统的稳态精度不但与系统有关，而且与输入信号的类型有关。

本章为自动控制系统认知实验，实验重点为通过实验建立物理系统和理论知识的联系，了解自动控制系统的基本组成和工作原理，了解和掌握实验系统的基本操作方法，为后续的理论学习和实验课程打好基础。

实验目的：加深对自动控制系统的认知与理解。

实验内容：

(1)简易磁悬浮系统的认知。

(2)直流电动机控制系统的认知。

(3)工作台位置控制系统的认知。

(4)三自由度数控平台的认知。

(5)球-杆系统的认知。

(6)平面倒立摆系统的认知。

实验要求：了解自动控制系统的基本组成，理解自动控制系统的工作原理，能够绘制系统的方框图。

1.2　简易磁悬浮系统

1.2.1　磁悬浮系统的组成

磁悬浮技术是集电磁学、电子技术、控制工程、信号处理、机械学和动力学于一体的典型的机电一体化技术。近年来，磁悬浮技术在很多领域得到广泛应用，如磁悬浮列车、主动控制磁悬浮轴承、磁悬挂天平、磁悬浮小型传输设备、磁悬浮测量仪器、磁悬浮机器人手腕和磁悬浮教学系统等。磁悬浮列车更具有代表性，许多国家已经取得了初步的成果。

磁悬浮实验装置主要由LED光源、电磁铁、光电位置传感器、电源、放大及补偿装置、数据采集卡和控制对象(钢球)等元件组成，是一个典型的吸浮式悬浮系统。简易磁悬浮系统的组成结构图如图1.2所示。

1.2.2　磁悬浮系统的工作原理

吸浮式悬浮系统的结构图如图1.3所示。

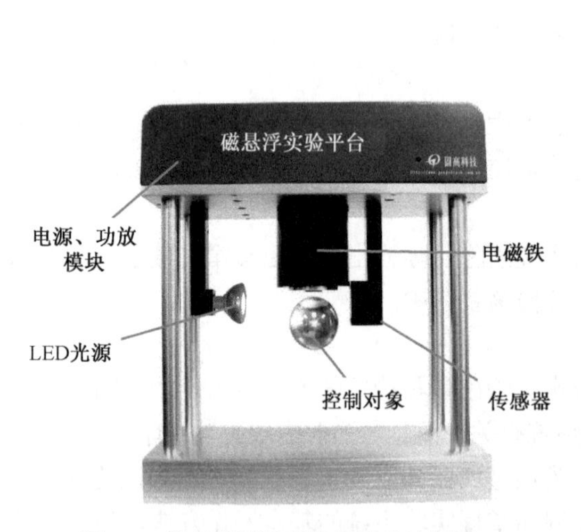

图1.2　简易磁悬浮系统的组成结构图

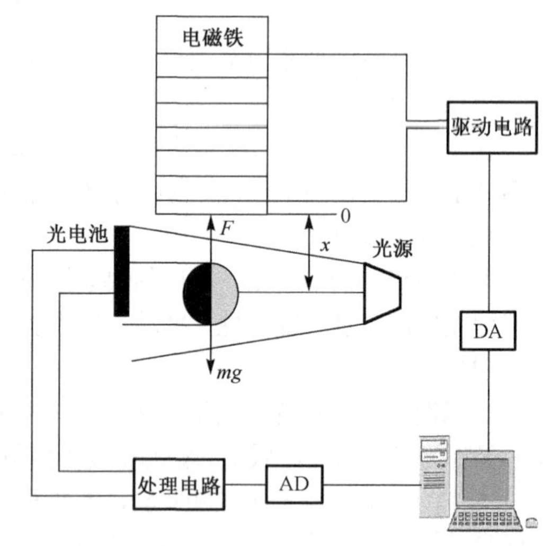

图1.3　吸浮式悬浮系统的结构图

在电磁铁绕组中通入一定的电流会产生电磁力 F，只要控制电磁铁绕组中的电流，使之产生的电磁力与钢球的重力 mg 相平衡，钢球就可以悬浮在空中而处于平衡状态。为了得到一个稳定的平衡系统，必须实现闭环控制，使整个系统稳定且具有一定的抗干扰能力。本系统中采用光源和光电位置传感器组成的非接触测量装置检测钢球与电磁铁之间的距离 x 的变化，为了提高控制的效果，还可以检测距离变化的速率。电磁铁中控制电流的大小作为磁悬浮控制对象的输入量。该磁悬浮实验系统的方框图如图 1.4 所示。

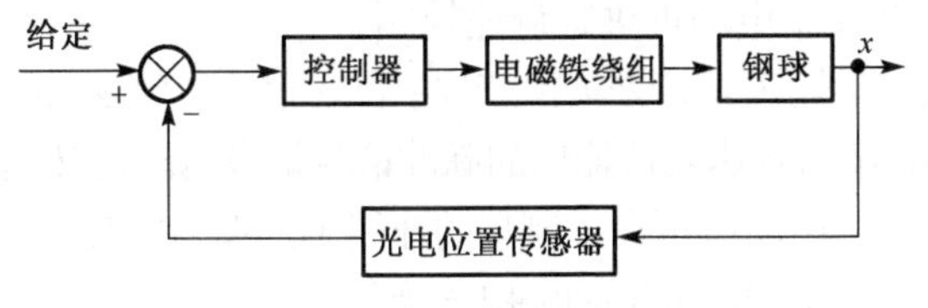

图 1.4　磁悬浮实验系统的方框图

1.3　直流电动机控制系统

1.3.1　直流电动机控制系统的组成

直流电动机的控制实验将在 TD-ACC 教学实验系统的基础上实现。该教学实验系统包含一个开放式的模拟实验平台和一组先进的虚拟仪器，由一块增强型 8051 控制机系统板、Keil C51 集成开发环境、开放式的模拟实验平台和虚拟仪器组成，如图 1.5 所示。

直流电动机控制实验系统主要由 8051 单片机和外围电路、电动机驱动模块、霍尔测速元件构成，平台布局图见图 1.5。

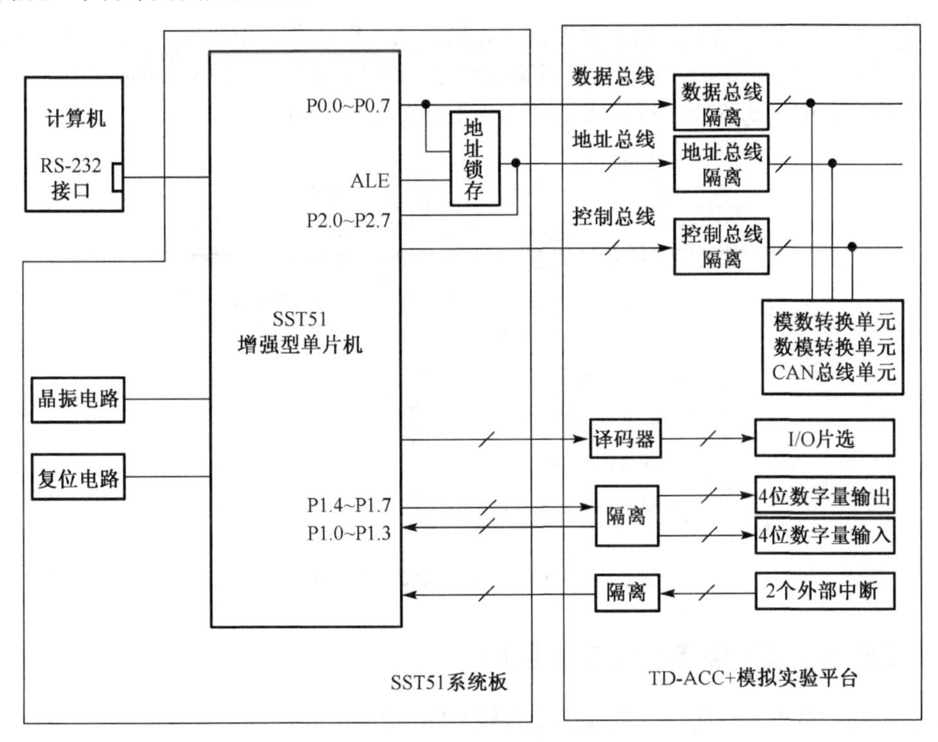

图 1.5　TD-ACC 教学实验系统

1.3.2　直流电动机控制系统的工作原理

直流电动机控制实验中，采用脉宽调制(pulse width modulation，PWM)的方法，通过改变输出脉冲的占空比，对直流电动机进行调速控制。

用单片机系统的数字量输出端口来模拟产生 PWM 信号，构成系统的控制量，经驱动电路驱动后控制电动机运转，霍尔测速元件输出的脉冲信号记录电动机转速构成反馈量。在参数给定的情况下，经 PID 运算，电动机可在控制量的作用下，按给定转速闭环运转。

直流电动机调速实验的系统方框图如图 1.6 所示。

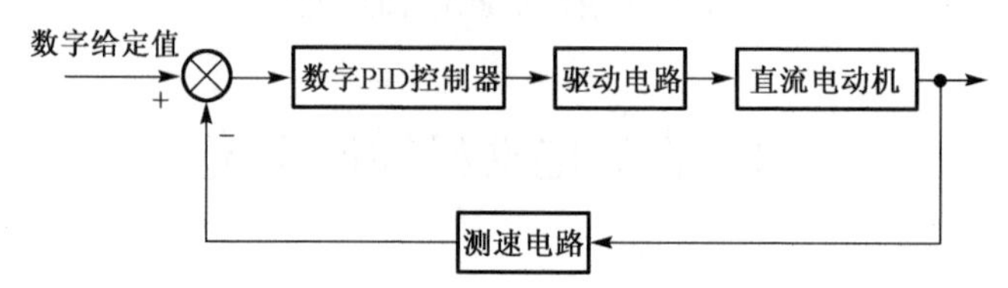

图 1.6　直流电动机控制系统方框图

1.4　工作台位置控制系统

1.4.1　工作台位置控制系统的组成

工作台位置控制系统主要由指令电位器、反馈电位器、差动电压放大电路、PI 控制器、PWM 驱动器、直流伺服电动机、行星齿轮减速器、链传动和小车等环节组成(图 1.7)。工作台往复移动由伺服电动机通过行星齿轮减速器带动链传动驱动实现。

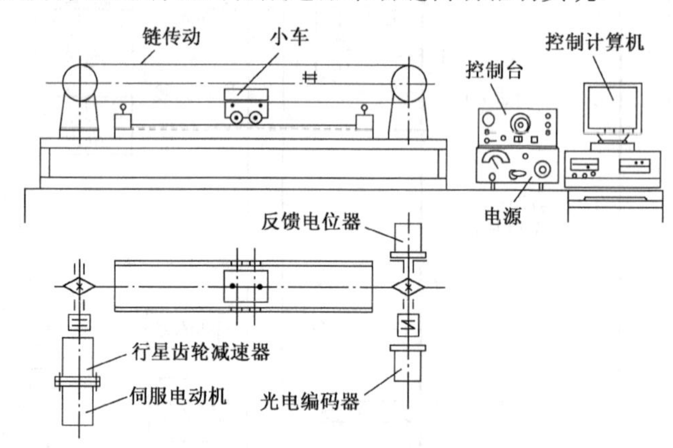

图 1.7　工作台位置控制系统的示意图

1.4.2　工作台位置控制系统的工作原理

工作台模拟量控制位置伺服系统的原理图如图 1.8 所示。

其控制过程为：通过指令电位器发出小车的位置指令 X_i，指令电位器的输出是电压 U_g，它与位置指令 X_i 对应。电压 U_g 与位置 X_i 成正比。小车在轨道上的实际位置 X_o 由反馈电位器

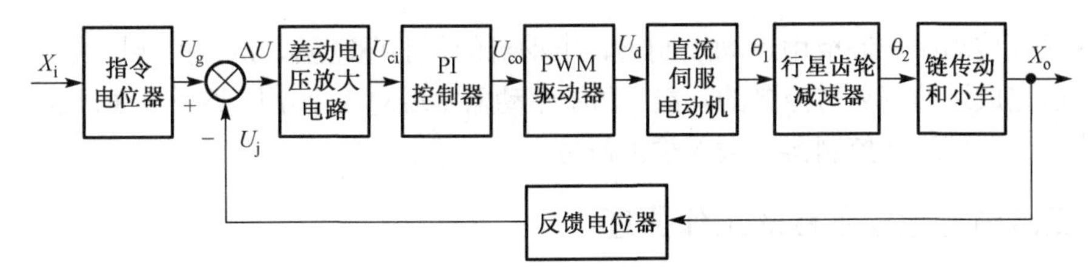

图1.8　模拟量控制位置伺服系统的原理图

检测，反馈电位器的输出是电压U_j，它与小车的实际位置X_o对应。电压U_j与实际位置X_o成正比。因此，当小车的实际位置X_o和给定位置X_i相等时，U_j和U_g也相等；当X_o和X_i有偏差时，对应偏差电压$\Delta U = U_g - U_j$，该偏差电压经过放大后作为控制器的输入，控制器处理后的电压就是PWM驱动装置的控制电压U_{co}，U_{co}的变化引起其输出的平均电压U_d大小发生改变，U_d即直流伺服电动机的电枢电压，它控制直流伺服电动机的转动。电动机通过行星齿轮减速器和链传动驱动小车向给定位置X_i运动。随着小车的实际位置与给定位置偏差的减小，偏差电压ΔU的绝对值也逐渐减小。当小车的实际位置与给定位置重合时，偏差电压ΔU为零，伺服电动机停止转动。当改变指令电位器的给定位置时，小车在轨道上的位置也会相应发生变化。

1.5　三自由度数控平台

1.5.1　三自由度数控平台的组成

运动控制起源于早期的伺服控制，简单地说，运动控制就是对机械运动部件的位置、速度等进行实时控制，使其按照预期的轨迹和规定的运动参数(如速度、加速度参数等)完成相应的动作。实际应用中，运动控制系统由运动控制器、功率放大驱动器、伺服电动机、起反馈作用的传感器和一些传动机械系统部件组成。

三自由度数控平台(图 1.9)由控制柜和三自由度平台两部分组成。其中，三自由度平台分别由步进电动机、直流伺服电动机、交流伺服电动机驱动，分别带有相应的光电码盘，并

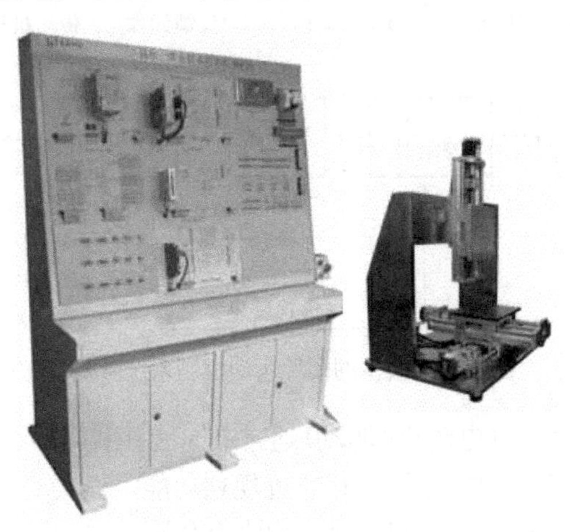

图1.9　三自由度数控平台

采用滚珠丝杠传动；控制柜由运动控制器、电动机的伺服驱动器、I/O 扩展模块组成，运动控制器用以完成运动规划与控制的功能，伺服驱动器实现对 3 个不同类型电动机的驱动，I/O 扩展模块用于转接运动控制器的输入输出信号。

1.5.2 三自由度数控平台的工作原理

运动控制器是以中央逻辑控制单元为核心、以传感器为信号元件、以电动机/动力装置和执行单元为控制对象的一种控制装置，主要用于对机械传动装置的位置、速度进行实时控制管理，使运动部件按照预期的轨迹和规定的运动参数完成相应的动作。

三自由度数控平台可以完成多种运动控制实验，包括开环控制和闭环控制两种形式的控制实验。

图 1.10 所示为开环运动控制系统的典型构成。在开环控制系统中，系统的输出量对控制作用没有影响，既不需要对输出量进行测量，也不需要将输出量反馈到系统的输入端与输入量进行比较。采用步进电动机驱动的位置控制系统就是一个开环控制系统的例子。步进驱动与控制器只是按照指令位置运动，不必对输出信号(即实际位置)进行测量。

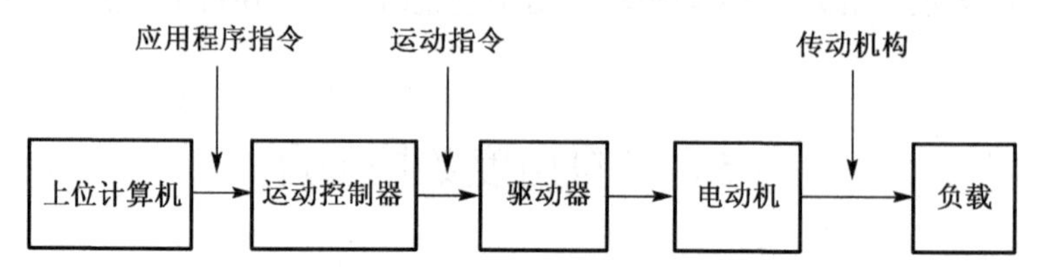

图 1.10 典型的开环运动控制系统结构

在闭环控制系统中，作为输入信号与反馈信号之差的误差信号被传送到控制器，以便减小误差，并且使系统的输出达到希望值。闭环控制系统的优点是采用了反馈，使系统的响应对外部干扰和内部系统的参数变化均不敏感。交流伺服电动机的位置控制系统(图 1.11)就是闭环控制系统，安装在电动机轴上的编码器不断检测电动机轴的实际位置(输出量)，并反馈回伺服驱动器与参考输入位置进行比较，PID 调节器根据位置误差信号，控制电动机正转或反转，从而将电动机位置保持在希望的参考位置上。

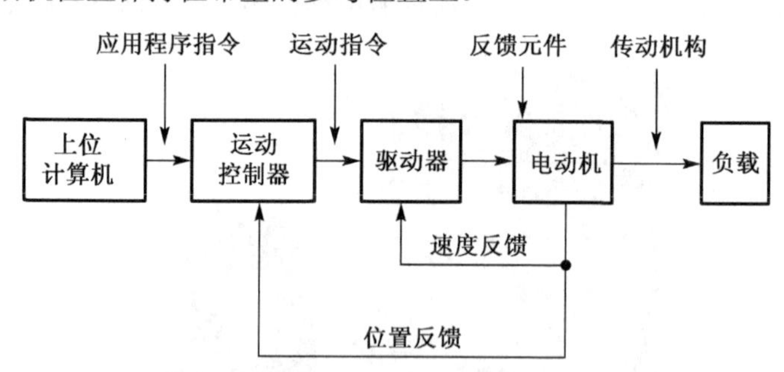

图 1.11 典型的闭环运动控制系统结构

目前广泛采用的伺服系统(电动机+驱动)通常具有力矩控制、速度控制和位置控制等闭环控制功能。而常用的运动控制器除了具有轨迹规划功能，还具有位置控制和速度控制等闭环控制功能。运动控制器与伺服系统组合时，通常有如图 1.12 所示的方式。

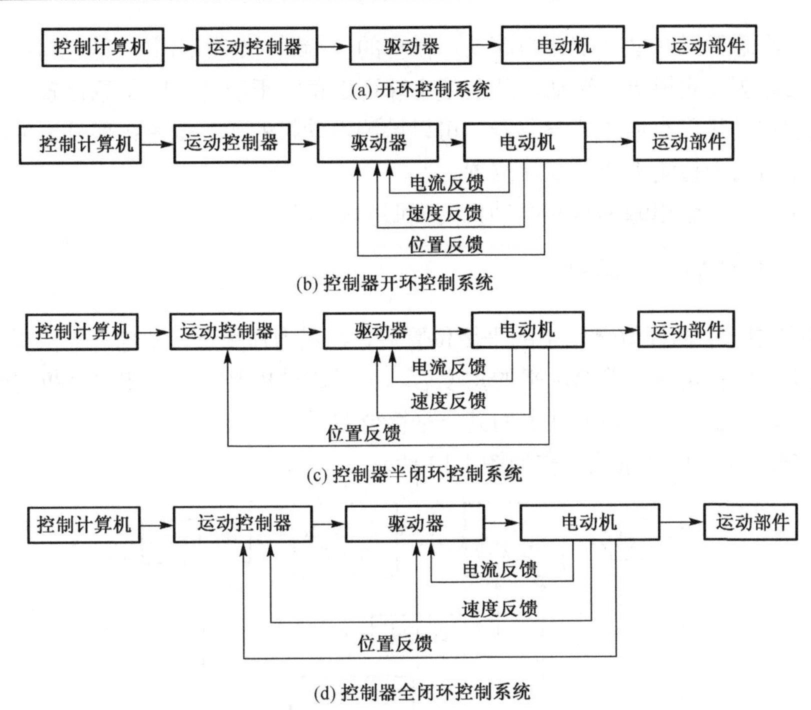

图 1.12　常用运动伺服结构

1.6　球-杆系统

1.6.1　球-杆系统的组成

球-杆系统如图 1.13 所示，其机械部分包括底座、小球、横杆、减速皮带轮、支撑部分

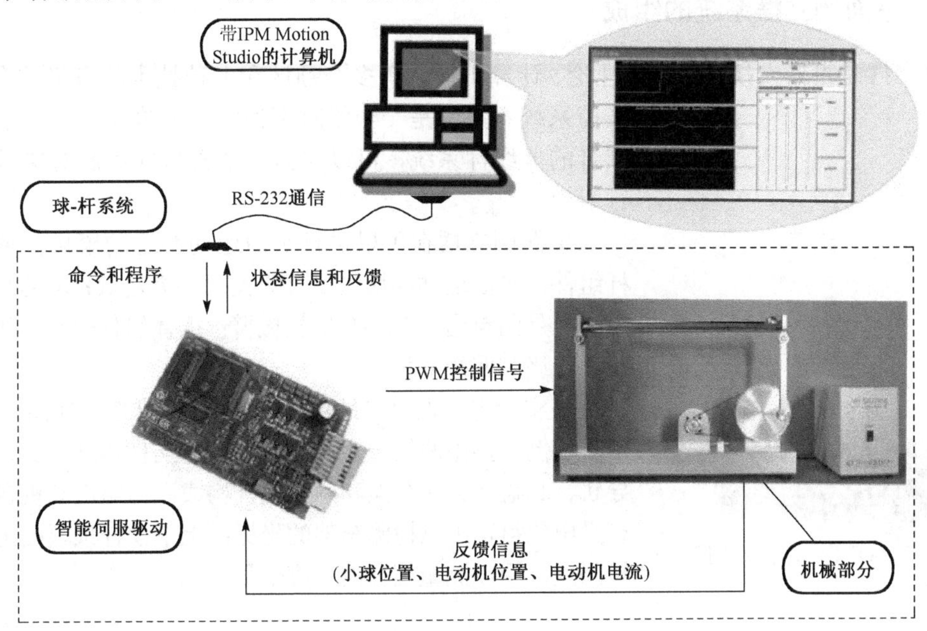

图 1.13　球-杆系统

和电动机等。小球可以在横杆上自由滚动，横杆的一端通过转轴固定，另一端由直流伺服电动机带动皮带轮驱动实现上下转动，从而使小球可以稳定于横杆上的任意位置。

直流伺服电动机带有增量式编码器，可以检测电动机的实际位置；横杆上的凹槽内，有一线性的传感器用于检测小球的实际位置。

电控箱中主要包含电源和直流电动机的伺服驱动模块。

1.6.2 球-杆系统的工作原理

球-杆系统中，当横杆偏离水平的平衡位置后，在重力作用下，小球开始沿横杆滚动，检测到小球的实际位置及横杆偏离水平的角度后，可以通过控制直流伺服电动机的转动来改变横杆的倾斜角，使小球稳定在横杆上的某一平衡位置。

球-杆系统的闭环控制系统结构如图1.14所示。

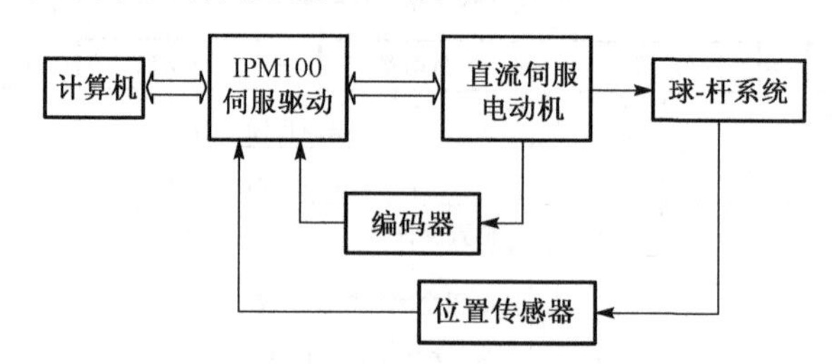

图1.14　球-杆系统闭环控制系统结构

球-杆系统是典型的非线性系统，具有一些非线性特性，包括死区和带轮的传动非线性等。

1.7 平面倒立摆系统

1.7.1 平面倒立摆系统的组成

倒立摆是机器人技术、控制理论、计算机控制等多个领域和多种技术的有机结合，其被控系统本身又是一个绝对不稳定、高阶次、多变量和强耦合的非线性系统，可以作为一个典型的控制对象对其进行研究。

图1.15　*XY*平台二级倒立摆

平面倒立摆在可以进行平面运动的运动模块上装有摆杆组件，平面运动模块主要有两类：一类是*XY*运动平台，另一类是两自由度SCARA机械臂；摆体组件也有一级、二级、三级和四级多种。

该实验中，采用的是*XY*平台二级倒立摆，如图1.15所示。该倒立摆由两组力矩电动机、滚珠丝杠传动装置、直线导轨、底盘、二级车架和两根摆杆构成。力矩电动机自身带有光电码盘，用以检测车架的坐标；上下摆杆顶端固定有旋转码盘，用以测量摆杆的角度信号。

1.7.2　平面倒立摆系统的工作原理

当摆杆处于不平衡状态时，通过力矩电动机的光电码盘和固定在摆杆顶端旋转码盘的测量和微分电路的处理，可以得到车架和摆杆的位置及速度信息，再通过控制程序计算出控制力矩，经过伺服驱动器驱动电动机，使摆杆达到稳定状态，即不会振荡发散或突然倒下。平面倒立摆系统控制结构图如图 1.16 所示。

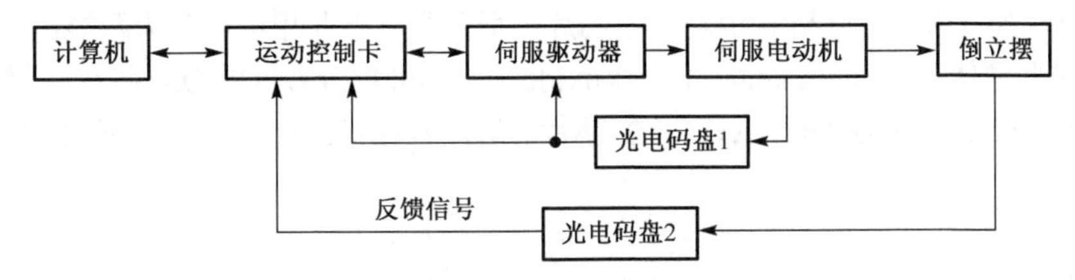

图 1.16　平面倒立摆系统控制结构图

平面倒立摆系统为多输入多输出非线性系统。

1.8　基于视觉的自动分拣系统

顺序控制(也称程序控制)作为一种典型控制方式，在工业生产中应用十分广泛。它能够使生产线上的各个执行机构按照生产工艺规定的顺序，自动地、有秩序地进行操作，如工业自动化生线中的分拣系统，其控制即为顺序控制模式。

分拣系统的任务是区分流水线上具有不同特征信息的物件，并对物件进行拾取。早期，这些工作主要依靠人工来完成；现如今，在发展智能制造的背景下，机器人和机器视觉系统已大量投入检测、电子、包装等行业生产中，以需要进行物件分拣的自动化生产线为应用场景，机器人技术与视觉技术的结合使分拣系统具有了类似人眼的检测识别功能及模拟人手的灵活抓取功能，分拣工作变得更加智能化、柔性化、高精化及敏捷化。

1.8.1　系统的结构组成

基于视觉的自动分拣系统通常包含视觉系统、工业机器人、输送装置和计算机控制系统几个基本组成部分，其结构如图 1.17 所示。各部分的功能如下。

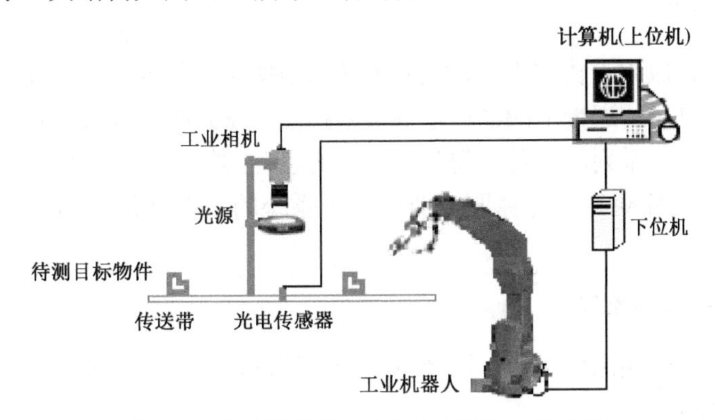

图 1.17　基于视觉的自动分拣系统结构示意图

1）视觉系统

视觉系统首先完成目标物件的图像采集，进而在计算机上通过图像处理软件完成对图像的处理和分析，实现目标的检测和识别。图像采集功能通常需要以下三种硬件来实现。

(1) 工业相机。

工业相机就是图像传感器，是视觉平台图像采集功能的核心部件。它将待测目标的光信号转变为电信号，再经过模数(analog to digital，A/D)转换后变为数字信号，以便计算机运用数字图像处理等技术进行分析和识别。按芯片类型分类，工业相机可分为两类：一类是互补金属氧化物半导体(complementary metal-oxide semiconductor，CMOS)芯片，另一类为电荷耦合元件(charge-coupled device，CCD)芯片。这两种相机的性能及特点不同，应依据实际需求选用。

(2) 镜头。

镜头将待测目标成像在图像传感器的光敏面上，是视觉平台实现图像采集功能的重要组成部分。

(3) 相机用光源。

光源用来保证工业相机能采集到待测目标的精确图像信息，是影响视觉系统输入质量和应用效果的重要因素。

2）工业机器人

可选用多自由度的普通机械手，能够接收控制系统传来的控制指令，从输送机构上抓取目标件，并将其摆放在指定位置。

3）输送装置

输送装置通常由电机和传送带组成，负责物件的运输，并保证物件运动到指定位置，完成图像采集。在图像采集区域的输送装置两侧会装有光电传感器，可触发相机进行拍摄。

4）计算机控制系统

计算机控制系统分为上位机和下位机两部分。上位机是整个系统的控制中枢，负责系统各组成部分的协调运作；同时，对采集到的图像进行处理，实现目标的检测识别，并依据检测结果对工业机器人进行作业规划。下位机只针对机器人的伺服运动进行控制。

1.8.2　系统的工作原理

1. 分拣工作流程

首先，待测物件放置于传送带上，当其被传送至图像采集区域时，光电传感器发出脉冲信号，触发工业相机对传送带上的物件进行实时拍照，得到的图像被传输给上位机，上位机通过算法对图像进行一系列的处理，得到图像中所包含的特征信息，依据这些信息决定是否由下位机控制机器人移动并进行抓取作业。整个系统的工作过程即顺序控制，具体流程如图 1.18 所示。

2. 视觉系统的工作流程

视觉系统的工作包括图像采集、图像预处理、特征提取、决策分类及最后输出结果几个步骤，如图 1.19 所示。

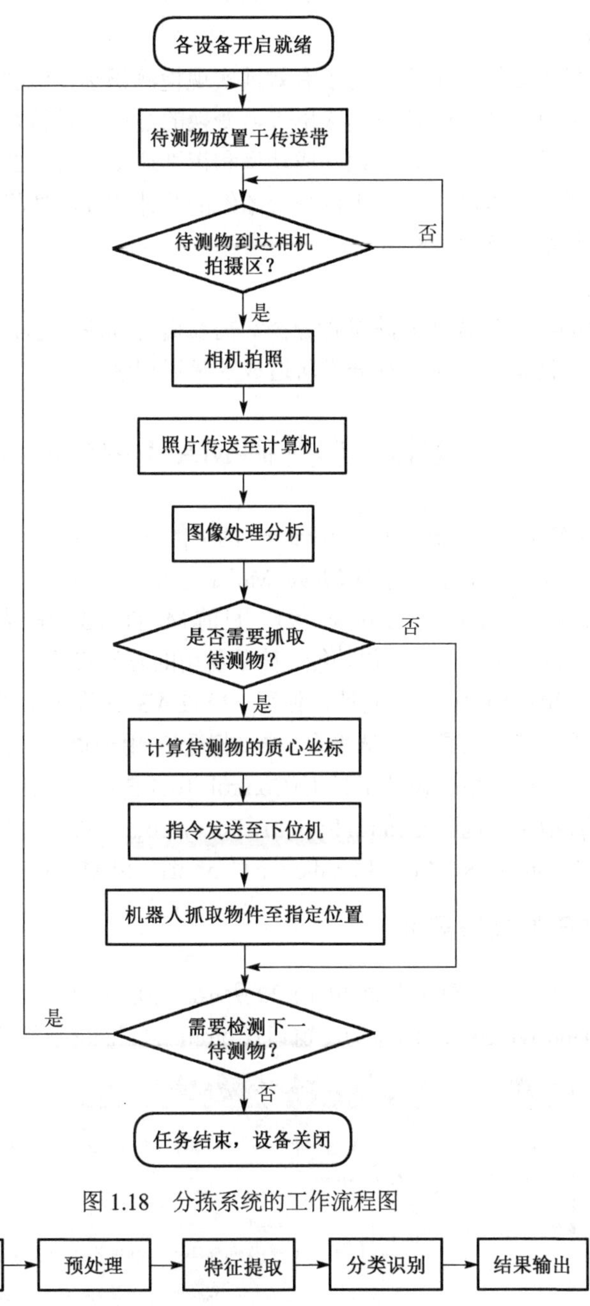

图 1.18　分拣系统的工作流程图

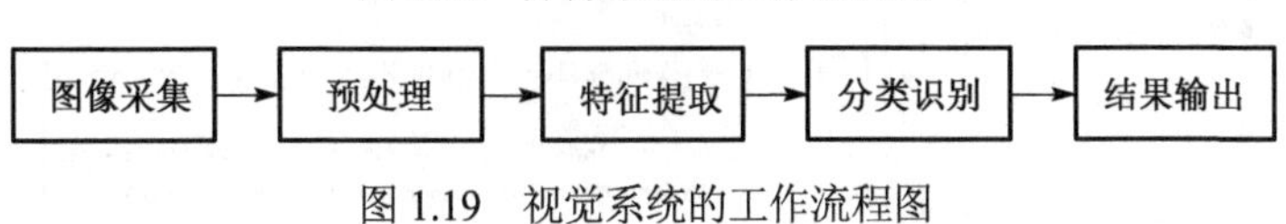

图 1.19　视觉系统的工作流程图

1）图像采集

工业相机拍照并将照片发送至计算机。

2）图像预处理

工业相机所采集到的原始图像一般不能直接被检测识别使用，需要在计算机中经过一系列的处理，才能为后续步骤提供有用信息。这些处理可采用图像增强去噪、畸变补偿和色差补偿等算法，根本目的在于加强图像中的有用信息。

3）特征提取

一幅图像的数据量通常很大。为了有效地实现检测识别，就要对原始的图像数据进行变换，将最能反映待测物特点的数据提取出来，变换的过程就是特征提取。特征提取是目标检测识别中非常重要的一步，决定了识别成功率和识别速度。常用的特征有边缘、轮廓、形状和纹理等视觉特征，直方图、各种矩特征等图像的统计特征，傅里叶描绘算子、自回归模型系数等变换系数特征，等等。

4）决策分类

将提取出来的特征用统计方法进行分类。需要提前训练样本集得到分类的依据，应满足按这种分类依据对被识别对象进行分类所造成的错误识别率最小。

1.9　虚拟实验基础 MATLAB/Simulink

MATLAB 的名字由 Matrix 和 Laboratory 两词的前 3 个字母组合而成，始创者是时任美国新墨西哥大学计算机科学系主任的 Cleve Moler 教授。1984 年由 MathWorks 公司推出 DOS 版。1993 年推出 MATLAB 4.0（Windows 版）。目前 MATLAB 已成为国际上优秀的科技应用软件之一，其强大的科学计算与可视化功能、简单易用的开放式可扩展环境以及三十余个面向不同领域扩展的工具箱（Tool-Box）的支持，使得 MATLAB 在许多学科领域成为科学计算、计算机辅助设计与分析的基本工具和首选平台。控制工程应用一直是 MATLAB 的主要功能之一，早期的版本就提供了控制系统设计工具箱（Control Tool-Box）。到目前为止，MATLAB 中包含的控制工程类工具箱主要包括 Control System、Fuzzy Logic、Robust Control16、Mu-Analysis and Synthesis18、LMI Control18、Model Predictive Control18 和 Model-Based Calibration 等。

1.9.1　MATLAB 的操作界面

打开 MATLAB 以后，操作界面如图 1.20 所示。在这个界面上平铺着 3 个最常用的窗口：指令窗口（Command Window）、命令历史窗口（Command History）和工作空间窗口（Workspace）。

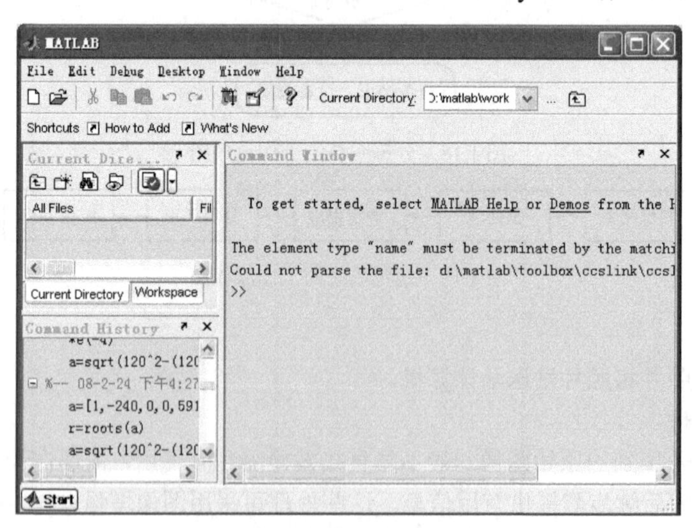

图 1.20　MATLAB 操作界面

当前路径窗口(Current Directory)作为一个交互界面隐藏在工作空间窗口后面，只能看见窗口名，在这个窗口中列出了当前路径中的所有文件和文件夹，包括文件的类型和最后修改时间等信息。同时在快捷工具栏中也有一个 Current Directory 下拉列表框，其中列出了已经使用过的路径，用于当前路径的选择。

1.9.2　MATLAB 的帮助界面

MATLAB 提供了数目繁多的函数和命令，要全部把它们记下来是不现实的。可行的办法是先掌握一些基本内容，然后在实践中不断总结和积累。MATLAB 软件系统本身提供了较丰富的帮助信息，有两种方法可以获得帮助信息：一是直接在命令窗口中输入“help+函数名”，如“help bode”，即可看到与绘制伯德图相关的信息；二是在帮助窗口中查找相应信息。常用 help 功能的方法如下所述。

(1) help 命令的用法主要有以下 3 种。

help：弹出在线帮助总览窗。

help elfun：寻求关于基本函数的帮助。

help nyquist：显示具体函数的详细信息，本例为奈奎斯特(Nyquist)函数。

(2) lookfor 命令。lookfor 命令用来根据用户提供的完整或不完整的关键词，搜索出一组与之相关的命令和函数。当用户希望查找具有某种功能的命令或函数，但又不知道准确名字时可用 lookfor 命令。

1.9.3　MATLAB 定义的常用特殊变量

常见的 MATLAB 定义的特殊变量有以下几种。

help：在线帮助命令，如用 help plot 调用命令函数 plot 的帮助说明。

who：列出所有定义过的变量名称。

ans：最近的计算结果的变量名。

eps：MATLAB 定义的正的极小值=2.2204e−16。

pi：π 值，3.14159265…

inf：∞ 值，无限大。

NaN：非数。

1.9.4　MATLAB 操作的注意事项

在使用 MATLAB 软件时，有一些操作注意事项如下。

(1) 在 MATLAB 工作区，用户输入 MATLAB 命令后须按下 Enter 键，MATLAB 才能执行输入的命令，否则 MATLAB 不执行命令。

(2) MATLAB 是区分字母大小写的。

(3) 如果对已定义的变量名重新赋值，则变量名原来的内容将自动被覆盖，而系统不会提示出错。

(4) 一般地，每输入一个命令并按下 Enter 键，计算机才会显示此次输入的执行结果。如果用户不希望计算机显示执行结果，则在所输入命令的后面再加上一个分号“;”。

(5) 在 MATLAB 工作区，如果某个命令一行输入不下，可以用按下“空格+…+Enter 键”

的方法换行。

(6)在 MATLAB 工作区可以输入字母和汉字，但是标点符号必须在英文状态下输入。

(7)MATLAB 中不需要专门定义变量的类型，系统可以自动根据表达式的值或输入的值来确定变量的数据类型。

(8)命令行与 M 文件中可用百分号“%”标明注释。在语句行中百分号后面的语句被忽略而不被执行，在 M 文件中百分号后面的语句可以用 help 命令打印出来。

(9)MATLAB 的 M 文件保存时，文件名要用英文命名，不能用中文。

(10)在输入矩阵或向量时，每个元素之间可以用空格和逗号(英文状态下输入)隔开。

1.9.5 Simulink 简介

Simulink 作为 MATLAB 的一个重要组成部分，能够把一系列模块连接起来构成复杂的系统模型用于计算机仿真。

单击 MATLAB Command 窗口工具条上的 Simulink 图标，或者在 MATLAB 命令窗口输入“simulink”，即弹出图 1.21 所示的模块库窗口界面(Simulink Library Browser)。该界面右边的窗口给出 Simulink 所有的子模块库。

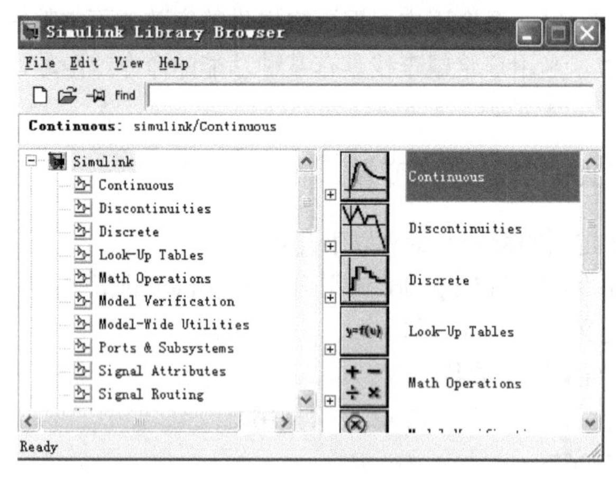

图 1.21　Simulink 模块库窗口界面

常用的子模块库有 Sources(信号源)、Sink(显示输出)、Continuous(线性连续系统)、Discrete(线性离散系统)、Function & Table(函数与表格)、Math(数学运算)、Discontinuities (非线性)和 Demo(演示)等。每个子模块库中包含同类型的标准模型，这些模块可直接用于建立系统的 Simulink 框图模型。

在 Simulink 模型窗口中仿真步骤如下。

(1)打开 Simulink 仿真模型窗口，或打开指定的.mdl 文件。

(2)设置仿真参数：在模型窗口选取 Simulation→Simulation parameters 菜单，弹出 Simulation Parameters 对话框(图 1.22)，设置仿真参数，然后单击“OK”按钮即可。

(3)仿真运行和终止：在模型窗口选取 Simulation→Start 菜单，仿真开始，至设置的仿真终止时间，仿真结束。若在仿真过程中停止仿真，则可选择 Simulation→Stop 菜单。也可直接单击模型窗口中的▶(或■)按钮启动(或停止)仿真，如图 1.23 所示。

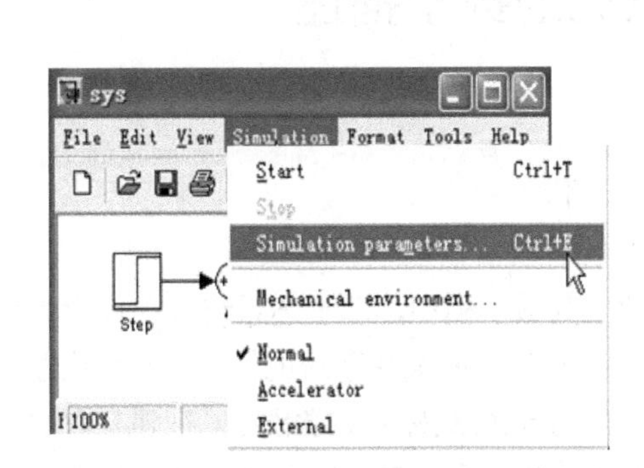

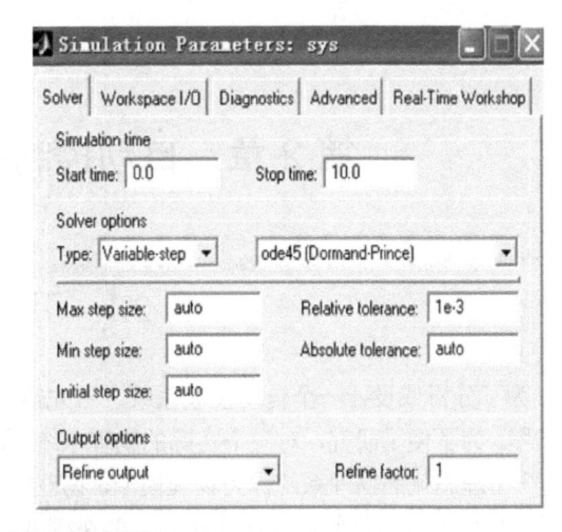

图 1.22　设置仿真参数

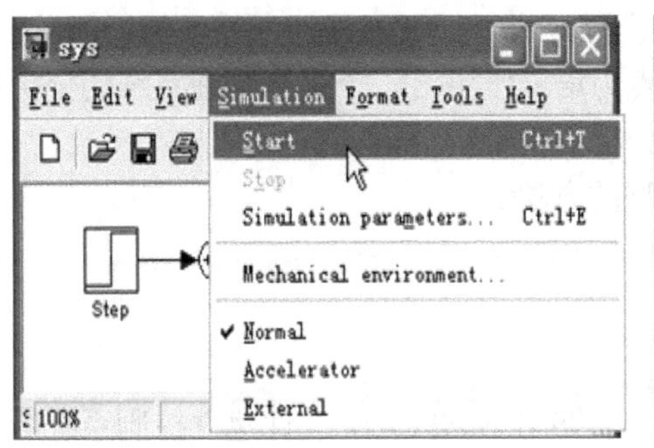

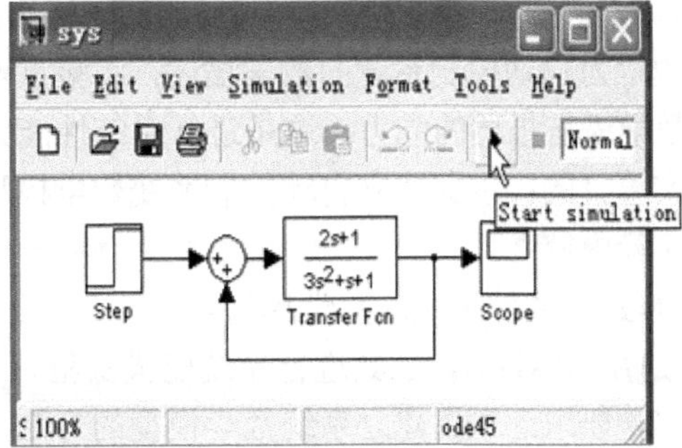

图 1.23　仿真运行和终止

1.10　思　考　题

1. 自动控制系统的基本组成元件有哪些？分别实现什么功能？
2. 简述自动控制系统的工作原理。
3. 实际的机械工程自动控制系统中存在哪些非线性现象？

第2章　自动控制系统的数学描述

2.1　引　　言

为了分析或设计一个自动控制系统，首先需要建立其数学模型，即描述系统运动规律的数学方程。为了便于研究，对一个实际的物理系统，往往要提出一些简化系统的假设，把系统理想化。一个理想化的物理系统称为物理模型，物理模型的数学表达式称为数学模型。在建立数学模型时所提出的理想化假设条件要适当，要在模型的简化性和分析结果的精确性之间进行某种折中。在建模时，要确定出哪些物理变量和相互关系是可以忽略的，哪些对模型的准确度有决定性的影响，才能建立起既简单又能反映实际系统的模型。

本章为自动控制系统的数学描述，实验重点为培养学生对一个具体物理系统的分析和将其用数学语言描述的能力，这是进行系统性能分析的基础。

实验目的：掌握建立自动控制系统数学模型的方法。

实验内容：

(1) 建立线性系统的数学模型。

(2) 用 MATLAB 工具进行系统建模实验。

实验要求：掌握建立系统数学模型的方法，能够用 MATLAB 软件建立控制系统的数学模型。

2.2　工作台位置控制系统建模

第1章讨论了工作台位置自动控制系统的组成和工作原理。由于现在尚未学到控制器的设计，所以暂时不考虑其中的控制器，由比例放大器的输出信号直接通过功率放大器后驱动电动机转动，如图2.1所示。与图2.1对应的系统方框图如图2.2所示。

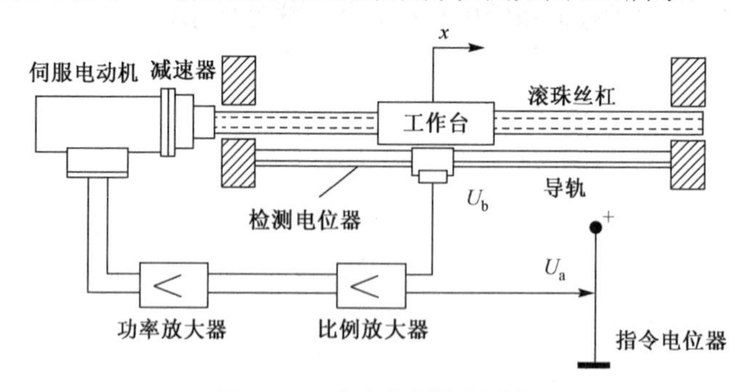

图2.1　工作台位置控制系统

将图2.2进一步简化，并将其中的方框名称用相应的传递函数代替，如图2.3所示。

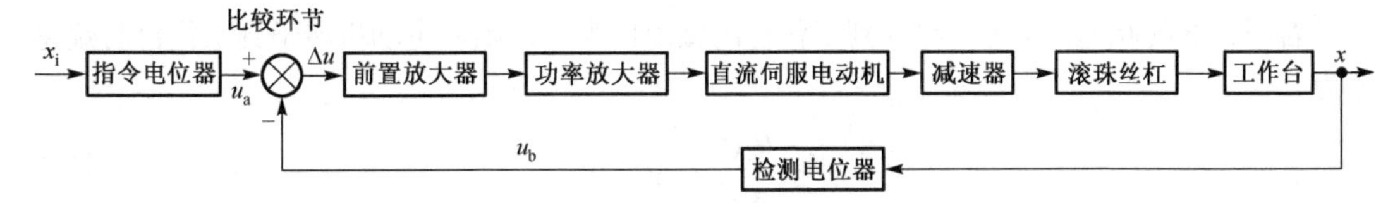

图 2.2　控制原理方框图

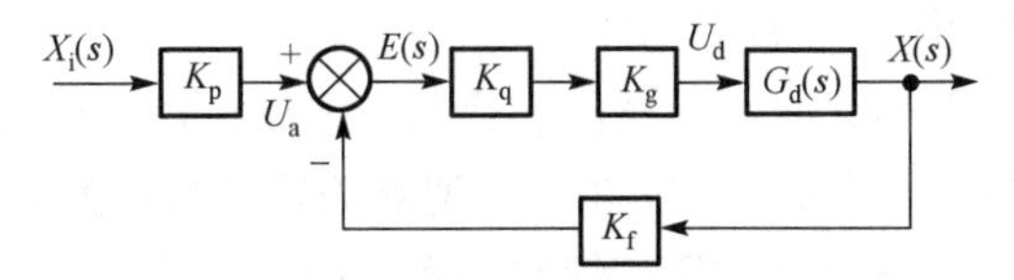

图 2.3　工作台位置控制系统方框图

(1) 指令放大器为比例环节，输入为期望的位置 $x_i(t)$ ，输出为 $u_a(t)$ ，它们之间的关系为

$$u_a(t) = K_p x_i(t) \tag{2.1}$$

传递函数为

$$K_p = \frac{U_a(s)}{X_i(s)} \tag{2.2}$$

(2) 前置放大器为比例环节，其输入为电压 $\Delta u(t)$ ，输出为电压 $u_{ob}(t)$，它们之间的关系为

$$u_{ob}(t) = K_q \Delta u(t) \tag{2.3}$$

传递函数为

$$K_q = \frac{U_{ob}(s)}{E(s)} \tag{2.4}$$

(3) 功率放大器为比例环节，其输入为电压 $u_{ob}(t)$，输出为电压 $u_d(t)$，它们之间的关系为

$$u_d(t) = K_g u_{ob}(t) \tag{2.5}$$

传递函数为

$$K_g = \frac{U_d(s)}{U_{ob}(s)} \tag{2.6}$$

(4) 直流伺服电动机、减速器、滚珠丝杠和工作台。

将直流伺服电动机的输入电压 $u_d(t)$ 作为输入，减速器、滚珠丝杠和工作台相当于电动机的负载。可以应用《机械工程控制基础(第四版)》(罗忠等，2023) 教材 2.1 节中例 2.3 的结果得其数学模型，参考主教材中式 (2.17)，得

$$R_a J\ddot{\theta}_o(t) + (R_a D + K_T K_e)\dot{\theta}_o(t) = K_T u_d(t) \tag{2.7}$$

这里需要注意的是，式 (2.7) 的数学模型是对电动机转轴所建立的，须将减速器、滚珠丝杠和工作台的转动惯量和阻尼系数等效到电动机轴上。首先需要建立电动机转角至工作台位移的对应关系。

若减速器的减速比为 i_1，丝杠到工作台的减速比为 i_2，则从电动机转子到工作台的减速比为

$$i = \frac{\theta_o(t)}{x(t)} = i_1 i_2 \tag{2.8}$$

其中，$i_2 = 2\pi / L$，L 为丝杠螺距。

① 等效到电动机轴的转动惯量。

电动机转子的转动惯量为 J_1；减速器的高速轴与电动机转子相连，而且，通常产品样本所给出的减速器的转动惯量是在高速轴上的，减速器的转动惯量为 J_2；滚珠丝杠的转动惯量为 J_s（定义在丝杠轴上），滚珠丝杠的转动惯量等效到电动机转子上为

$$J_3 = \frac{J_s}{i_1^2}$$

工作台的运动为平移，若工作台的质量为 m_t，其等效到转子的转动惯量为

$$J_4 = \frac{m_t}{i^2}$$

因此，电动机、减速器、滚珠丝杠和工作台等效到电动机转子上的总转动惯量为

$$J = J_1 + J_2 + J_3 + J_4 = J_1 + J_2 + \frac{J_s}{i_1^2} + \frac{m_t}{i^2} \tag{2.9}$$

② 等效到电动机轴的阻尼系数。

在电动机、减速器、滚珠丝杠和工作台上分别有黏性（库仑摩擦）阻力，可以通过阻尼系数来考虑。根据等效前后阻尼耗散能量相等的原则，等效到电动机轴的阻尼系数为

$$D = D_d + D_i + \frac{D_s}{i_1^2} + \frac{D_t}{i^2} \tag{2.10}$$

其中，D_t 为工作台与导轨间的黏性阻尼系数；D_s 为滚珠丝杠转动的黏性阻尼系数；D_i 为减速器的黏性阻尼系数；D_d 为电动机的黏性阻尼系数。

③ 输入为电动机电枢电压，输出为工作台位置时的数学模型。

将式(2.8)代入式(2.7)可得电动机至工作台的数学模型为

$$R_a J \ddot{x}(t) + (R_a D + K_T K_e)\dot{x}(t) = \frac{K_T u_d(t)}{i} \tag{2.11}$$

④ 输入为电动机电枢电压，输出为工作台位置时的传递函数。

对式(2.11)两边取拉氏变换得

$$G_d(s) = \frac{X(s)}{U_d(s)} = \frac{K_T / i}{R_a D + K_T K_e} \cdot \frac{1}{s\left(\dfrac{R_a J}{R_a D + K_T K_e} s + 1\right)} = \frac{K}{s(Ts+1)} \tag{2.12}$$

其中，$T = \dfrac{R_a J}{R_a D + K_T K_e}$；$K = \dfrac{K_T / i}{R_a D + K_T K_e}$。

(5)检测电位器将所得到的位置信号变换为电压信号，相当于比例环节，其输入为工作台的位移 $x(t)$，输出为电压 $u_b(t)$，数学模型为

$$u_b(t) = K_f x(t) \tag{2.13}$$

反馈通道的传递函数为

$$K_{\mathrm{f}} = \frac{U_{\mathrm{b}}(s)}{X(s)} \tag{2.14}$$

根据系统方框图 2.3，系统的开环传递函数为

$$G_{\mathrm{k}}(s) = \frac{U_{\mathrm{b}}(s)}{X_{\mathrm{i}}(s)} = K_{\mathrm{p}}K_{\mathrm{q}}K_{\mathrm{g}}G_{\mathrm{d}}(s)K_{\mathrm{f}} = \frac{K_{\mathrm{p}}K_{\mathrm{q}}K_{\mathrm{g}}K_{\mathrm{f}}K}{s(Ts+1)} \tag{2.15}$$

系统闭环传递函数为

$$G_{\mathrm{b}}(s) = \frac{K_{\mathrm{p}}K_{\mathrm{q}}K_{\mathrm{g}}K}{Ts^2 + s + K_{\mathrm{p}}K_{\mathrm{g}}K_{\mathrm{f}}K} \tag{2.16}$$

常取 $K_{\mathrm{p}} = K_{\mathrm{f}}$，此时式(2.16)可简化为

$$G_{\mathrm{b}}(s) = \frac{\omega_{\mathrm{n}}^2}{s^2 + 2\xi\omega_{\mathrm{n}}s + \omega_{\mathrm{n}}^2} \tag{2.17}$$

其中，$\omega_{\mathrm{n}} = \sqrt{\dfrac{K_{\mathrm{q}}K_{\mathrm{g}}K_{\mathrm{f}}K}{T}}$；$\xi = \dfrac{1}{2\sqrt{K_{\mathrm{q}}K_{\mathrm{g}}K_{\mathrm{f}}KT}}$。

可见，工作台位置控制系统为二阶系统。

2.3　球-杆系统建模

2.3.1　控制对象的动力学方程

球-杆系统的机械系统原理图如图 2.4 所示。

连杆和同步带轮的连接点与齿轮中心的连线和水平线的夹角为 θ(θ 的角度存在一定的限制，在最小和最大的范围之间)，连杆和齿轮的连接点与齿轮中心的距离为 d，横杆的长度为 L，于是横杆的倾斜角 α 和 θ 之间有如下的数学关系：

$$\alpha = \frac{d}{L}\theta \tag{2.18}$$

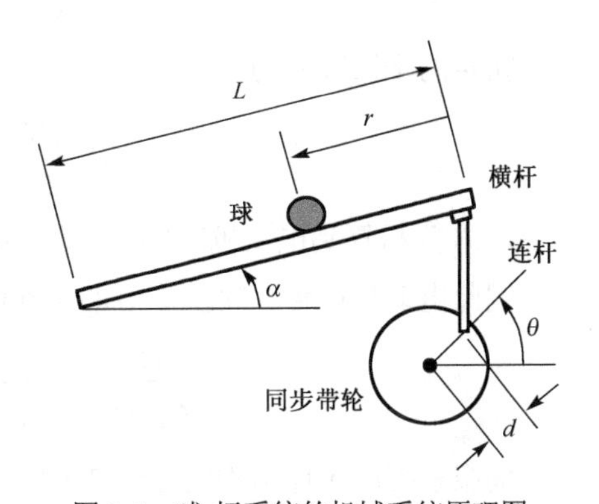

图 2.4　球-杆系统的机械系统原理图

同步带传动的减速比 $n = 4$，即角度 θ 和电动机轴之间的减速比 $n = 4$。

假设小球在横杆上的运动为滚动，且摩擦力可以忽略不计。小球的动力学和重力、惯量以及离心力等有关，小球在横杆上滚动的加速度为

$$\left(\frac{J}{R^2} + m\right)\ddot{r} + mg\sin\alpha - mr\dot{\alpha}^2 = 0 \tag{2.19}$$

其中，g 为重力加速度；m 为小球的质量；J 为小球的转动惯量；r 为小球在横杆上的位置；

R 为小球的半径。

在期望角度 $\theta=0$ 附近进行线性化，并代入式(2.18)，得到近似的线性方程为

$$\ddot{r}=\frac{mg}{\frac{J}{R^2}+m}\alpha=-\frac{mgd}{L\left(\frac{J}{R^2}+m\right)}\theta \tag{2.20}$$

2.3.2 电气模型

直流伺服电动机的转矩和电流成正比，即

$$T=K_2 i_a \tag{2.21}$$

其中，K_2 为转矩常数；i_a 为电枢电流。

当电动机转动时，电枢会产生一个反向电动势，其大小和磁场的强度以及转动的速度成正比，当磁场一定时，反电动势 e_b 和 $\frac{d\theta}{dt}$ 成正比，即

$$e_b=K_3\frac{d\theta}{dt} \tag{2.22}$$

其中，e_b 为反电动势；K_3 为电感常数；θ 为电动机的角度。

直流伺服电动机的速度取决于电枢两端的电压差($e_a=K_1e_v$ 为放大器的输出)，电动机的电气关系为

$$L_a\frac{di_a}{dt}+R_a i_a+e_b=e_a \tag{2.23}$$

或

$$L_a\frac{di_a}{dt}+R_a i_a+K_3\frac{d\theta}{dt}=K_1 e_v \tag{2.24}$$

扭矩的平衡方程为

$$J_0\frac{d^2\theta}{dt^2}+b_0\frac{d\theta}{dt}=T=K_2 i_a \tag{2.25}$$

其中，J_0 为折算到电动机轴的等效转矩；b_0 为等效到电动机轴的摩擦力。

因此电动机位置和误差信号的传递函数为

$$\frac{\theta(s)}{E_v(s)}=\frac{K_1K_2}{s(L_a s+R_a)(J_0 s+b_0)+K_2K_3 s} \tag{2.26}$$

伺服系统的闭环结构图如图 2.5 所示。

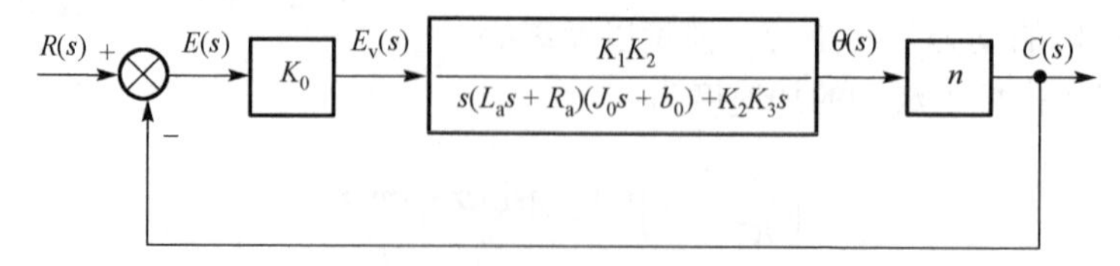

图 2.5　伺服系统的闭环结构图

设皮带轮的减速比为 n，则

$$C(s)=n\theta(s) \tag{2.27}$$

前向传递函数为

$$G(s)=\frac{C(s)\theta(s)E_{\mathrm{v}}(s)}{\theta(s)E_{\mathrm{v}}(s)E(s)}=\frac{K_0K_1K_2n}{s\left[(L_{\mathrm{a}}s+R_{\mathrm{a}})(J_0s+b_0)+K_2K_3\right]} \tag{2.28}$$

因为电感 L_{a} 很小，忽略电感可以简化得到：

$$G(s)=\frac{K_0K_1K_2n}{s\left[R_{\mathrm{a}}(J_0s+b_0)+K_2K_3\right]}=\frac{\dfrac{K_0K_1K_2n}{R_{\mathrm{a}}}}{J_0s^2+\left(b_0+\dfrac{K_2K_3}{R_{\mathrm{a}}}\right)s} \tag{2.29}$$

令 $K=\dfrac{K_0K_1K_2n}{R_{\mathrm{a}}}$， $J=J_0$， $B=b_0+\dfrac{K_2K_3}{R_{\mathrm{a}}}$，可将式(2.29)写为

$$G(s)=\frac{K}{Js^2+Bs} \tag{2.30}$$

或

$$G(s)=\frac{K_{\mathrm{m}}}{s(T_{\mathrm{m}}s+1)} \tag{2.31}$$

其中，$K_{\mathrm{m}}=\dfrac{K}{B}$；$T_{\mathrm{m}}=\dfrac{J}{B}=\dfrac{R_{\mathrm{a}}J_0}{R_{\mathrm{a}}b_0+K_2K_3}$。

通常 R_{a}、T_{m} 和 J_0 都很小，伺服电动机可以看作一个积分器，具有积分环节的特性。

2.4　简易磁悬浮系统建模

磁悬浮系统在建模前可进行如下假设：

(1) 忽略漏磁通，磁通全部通过电磁铁的外部磁极气隙。

(2) 磁通在气隙处均匀分布，忽略边缘效应。

(3) 忽略小球和电磁铁铁心的磁阻，即认为铁心和小球的磁阻为零，则电磁铁与小球所组成的磁路的磁阻主要集中在两者之间的气隙上。

(4) 假设小球所受的电磁力集中在中心点，且其中心点与质心重合。

本系统的数学模型是以小球的动力学方程和电学、力学关联方程为基础建立起来的。因此，系统模型的建立从两方面来进行。

2.4.1　控制对象的动力学方程

假设忽略小球受到的其他干扰力(风力、电网突变产生的力等)，则受控对象小球在此系统中只受电磁吸力 F 和自身的重力 mg。小球在竖直方向的动力学方程为

$$m\frac{\mathrm{d}^2x(t)}{\mathrm{d}t^2}=F(i,x)+mg \tag{2.32}$$

其中，x 为小球质心与电磁铁磁极之间的气隙(以磁极面为零点)(m)；m 为小球的质量(kg)；$F(i,x)$ 为电磁吸力(N)；g 为重力加速度(m/s^2)；i 为电磁铁绕组中的瞬时电流(A)。

2.4.2　系统的电磁力模型

在图 1.2 所示的磁悬浮实验系统结构图中，小球到电磁铁磁极的气限为 x。由上面的假设可知磁路的磁阻主要集中在电磁铁磁极和小球所组成的气隙上。其磁阻为

$$R(x)=\frac{l}{uA_{\text{o}}}+\frac{2x}{u_{\text{o}}A} \tag{2.33}$$

其中，l 为铁心(包括衔铁)的导磁长度(m)；u_{o}、u 分别为空气磁导率和铁心的相对磁导率(H / m)；A、A_{o} 分别为螺线管一头的空气隙和铁心导磁截面积(m^2)；$u_{\text{o}}=4\pi\times10^{-7}\text{H/m}$。

由于铁心由铁磁材料制成，所以其磁限与气隙磁限相比很小，式(2.33)中右边第一项可忽略，所以

$$R(x)=\frac{2x}{\mu_{\text{o}}A} \tag{2.34}$$

由磁路的基尔霍夫定律有

$$Ni=\varphi(i,x)R(x) \tag{2.35}$$

则

$$\varphi(i,x)=\frac{Ni}{R(x)} \tag{2.36}$$

将式(2.34)代入式(2.36)得

$$\varphi(i,x)=\mu_{\text{o}}AN\frac{i}{2x} \tag{2.37}$$

在这里，假设电磁铁没有工作在磁饱和状态下，且每匝线圈中通过的磁通量都是相同的，则线圈的磁通链数为

$$\varPsi(i,x)=N\varphi(i,x)=\mu_{\text{o}}AN^2\frac{i}{2x} \tag{2.38}$$

毕奥-萨伐尔定律说明，在空间任意一点所产生的磁感应强度都与回路中的电流强度成正比，因此通过回路所包围面积的磁通量 $\varPhi$ 与回路中的电流强度 I 成正比，即

$$N\varPhi=LI \tag{2.39}$$

则瞬时电磁铁绕组线圈的电感为

$$L(i,x)=\frac{\varPsi(i,x)}{i}=\frac{\mu_{\text{o}}AN^2}{2x} \tag{2.40}$$

磁场的能最 $W_{\text{m}}(i,x)$ 为

$$W_{\text{m}}(i,x)=\frac{1}{2}L(i,x)i^2 \tag{2.41}$$

以上 A 为电磁铁下方整个空气隙的磁通截面积，换算到小球的截面积，则小球电磁的吸引力为

$$F(i,x)=\frac{\delta W_{\mathrm{m}}(i,x)}{\delta x}=\frac{\delta\dfrac{\mu_{\mathrm{o}}K_{\mathrm{f}}AN^2i^2}{4x}}{\delta x}=\frac{\mu_{\mathrm{o}}K_{\mathrm{f}}AN^2}{4}\left(\frac{i}{x}\right)^2 \tag{2.42}$$

其中，μ_{o} 为空气磁导率，$\mu_{\mathrm{o}}=4\pi\times10^{-7}\,\mathrm{H/m}$；$K_{\mathrm{f}}A$ 为磁通流过小球截面的导磁面积；N 为电磁铁线圈匝数；x 为小球质心到电磁铁磁极表面的瞬时气隙；i 为电磁铁绕组中的瞬时电流。其中

$$K_{\mathrm{f}}=\left[\text{小球的直径}\bigg/\left(\frac{\text{螺线管的直径}-\text{铁心的直径}}{2}+\text{铁心的直径}\right)\right]^2$$

由于式(2.42)中 μ_{o}、A、N 也为常数，令 $K=-\dfrac{\mu_{\mathrm{o}}K_{\mathrm{f}}AN^2}{4}$，则电磁力可改写为

$$F(i,x)=K\left(\frac{i}{x}\right)^2 \tag{2.43}$$

由电磁力式(2.43)可知电磁吸力 $F(i,x)$ 与气隙 x 是非线性的反比关系，这也是磁悬浮系统不稳定的根源所在。

2.4.3　电磁铁中控制电压和电流的模型

为了研究问题方便，将电磁铁线圈模型化，即考虑主要特性，忽略次要特性。将电磁铁线圈用一电阻 R 与一电感线圈 L 串联来代替。同时，为了减小误差，模型应充分考虑悬浮小球对电磁线圈的影响。由电磁感应定律及电路的基尔霍夫定律可知有如下关系：

$$U(t)=Ri(t)+\frac{\mathrm{d}\varPsi(x,t)}{\mathrm{d}t}=Ri(t)+\frac{\mathrm{d}\left[L(x)\cdot i(t)\right]}{\mathrm{d}t} \tag{2.44}$$

由式(2.44)可以看到，电磁铁绕组中的瞬时电感 $L(x)$ 是关于小球到电磁铁磁极表面的气隙 x 的函数，而且与其呈非线性的关系。这里可以再一次看到磁悬浮系统是一非线性的系统。电磁铁通电后所产生的瞬时电感与气隙 x 的关系为

$$L(x)=L_1+\frac{L_0}{1+\dfrac{x}{a}} \tag{2.45}$$

其中，L_1 为小球没处于电磁场中时的静态电感；L_0 为小球处于电磁场中时线圈中增加的电感(即气隙为零时所增加的电感)；a 为磁极附近一点到磁极表面的气隙。

由式(2.45)可知，当平衡点距离电磁铁磁极面比较近时，即 $x_{\mathrm{o}}\to0$ 时，有 $L<L_1+L_0$；当平衡点距离电磁铁磁极表面较远时，即 $x_{\mathrm{o}}\to\infty$ 时，有 $L>L_1$，如图 2.6 所示。

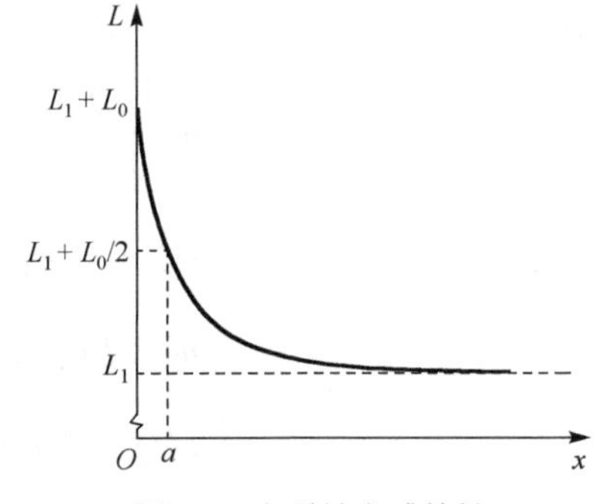

图 2.6　电磁铁电感特性

综上所述有如下关系：

$$L_1<L<L_1+L_0 \tag{2.46}$$

又因为 $L_1\gg L_0$，故电磁铁绕组上的电感可近似表

达为

$$L(x) \approx L_1 \tag{2.47}$$

将式(2.47)代入式(2.44)，则电磁铁绕组中的电压与电流的关系可表示如下：

$$U(t) = Ri(t) + L_1 \frac{\mathrm{d}i}{\mathrm{d}t} \tag{2.48}$$

2.4.4 功率放大器模型

功率放大器主要解决感性负载的驱动问题，将控制信号转变为控制电流。因系统功率低，故采用模拟功率放大器。

模拟功率放大器根据输出信号的不同又分为电压-电流型功率放大器和电压-电压型功率放大器。前者根据控制器的输出信号自动向励磁线圈提供电流，而后者的输入输出均为电压信号。本系统设计采用电压-电流型功率放大器。

在功率放大器的线性范围内，其主要表现为一阶惯性环节，其传递函数可以表示为

$$G_0(s) = \frac{U(s)}{I(s)} = \frac{K_a}{1 + T_a s} \tag{2.49}$$

其中，K_a 为功率放大器的增益；T_a 为功率放大器的滞后时间常数。

在系统的实际过程中，功率放大器的滞后时间常数非常小，对系统影响可以忽略不计。因此可以近似认为功率放大环节仅由一个比例环节构成，其比例系数为 K_a。本系统中传递函数由硬件电路计算得

$$G_0(s) = K_a = 5.8929 \tag{2.50}$$

2.4.5 系统平衡的边界条件

小球处于平衡状态时，其加速度为零，由牛顿第二定律可知小球此时所受合力为零。小球受到向上的电磁力与小球自身的重力相等，即

$$mg + F(i_0, x_0) = 0 \tag{2.51}$$

2.4.6 系统方程的描述

磁悬浮系统方程可以由式(2.32)、式(2.43)、式(2.48)和式(2.51)的方程联合描述，现归纳如下：

$$\begin{cases} m\dfrac{\mathrm{d}^2 x(t)}{\mathrm{d}t^2} = F(i,x) + mg & \text{(动力学方程)} \\ F(i,x) = K\left(\dfrac{i}{x}\right)^2 & \text{(电学、力学关联方程)} \\ mg + F(i_0, x_0) = 0 & \text{(边界方程)} \\ U(t) = Ri(t) + L_1\dfrac{\mathrm{d}i}{\mathrm{d}t} & \text{(电学方程)} \end{cases} \tag{2.52}$$

2.5　虚拟实验/机械工程控制系统的数学模型

2.5.1　实验目的

(1) 逐渐熟悉 MATLAB 软件的各种功能和基本用法。

(2) 熟悉并学会建立控制系统的数学模型，包括传递函数多项式模型和零极点模型。

2.5.2　实验内容

1. 传递函数多项式模型的 MATLAB 表示

对于系统

$$G(s)=\frac{Y(s)}{U(s)}=\frac{b_m s^m+b_{m-1}s^{m-1}+\cdots+b_1 s+b_0}{a_n s^n+a_{n-1}s^{n-1}+\cdots+a_1 s+a_0}\quad (n\geqslant m)$$

在 MATLAB 中，用其分子多项式和分母多项式的系数(按 s 的降幂排列)所构成的两个向量 num 和 den，就可以轻易地将以上传递函数模型输入 MATLAB 环境中，简称 TF(Transfer Function)模型，命令格式为

$$\text{num}=[b_m,\ b_{m-1},\ \cdots,\ b_0]$$
$$\text{den}=[a_n,\ a_{n-1},\ \cdots,\ a_0]$$
$$\text{sys}=\text{tf}\ (\text{num},\ \text{den})$$

例 2.1　给出一个简单的传递函数模型，试在 MATLAB 中将 $G(s)$ 创建为 TF 模型。

$$G(s)=\frac{s+5}{s^4+2s^3+3s^2+4s+5}$$

解：在 MATLAB 命令窗(Command Window)依次写入下列程序。

```
>>num = [1, 5];                    %输入传递函数分子多项式
>>den = [1, 2, 3, 4, 5];           %输入传递函数分母多项式
>>sys = tf (num, den)                   %创建 sys 为 TF 对象
```

运行结果：

```
Transfer function:
                s + 5
     -------------------------
     s^4 + 2s^3 +3s^2 +4s + 5
```

这时，对象 sys 用来描述给定传递函数的 TF 模型，可作为其他函数调用的变量。

例 2.2　下面给出一个稍微复杂一些的传递函数模型，试在 MATLAB 中将 $G(s)$ 创建为 TF 模型。

$$G(s)=\frac{6(s+5)}{(s^2+3s+1)^2(s+6)}$$

解：在 MATLAB 命令窗(Command Window)依次写入下列程序。

```
>>num = 6*[1, 5];                                        %输入传递函数分子多项式
>>den = conv(conv([1, 3, 1], [1, 3, 1]), [1, 6]); %输入传递函数分母多项式
>>tf(num, den)                                            %创建 G(s)为 TF 对象
```

运行结果：

```
Transfer function:
                     6s + 30
    -------------------------------------
     s^5 + 12s^4 + 47s^3 +72s^2 +37s + 6
```

其中，conv()函数(MATLAB 函数)用来计算两个向量的卷积，多项式乘法当然也可以用这个函数来计算。该函数允许任意地多层嵌套，从而表示复杂的计算。

2. 传递函数零极点模型的 MATLAB 表示

对于系统

$$G(s)=\frac{Y(s)}{U(s)}=\frac{b_m s^m+b_{m-1}s^{m-1}+\cdots+b_1 s+b_0}{a_n s^n+a_{n-1}s^{n-1}+\cdots+a_1 s+a_0}$$
$$=K\frac{(s-z_1)(s-z_2)\cdots(s-z_m)}{(s-p_1)(s-p_2)\cdots(s-p_n)}\qquad (n\geqslant m)$$

式中，z_j、p_i $(i=1,2,\cdots,n;\ j=1,2,\cdots,m)$分别为系统的零点和极点值，它们既可以为实数又可以为复数；K 为系统增益，且为常数。可见用 m 个零件、n 个极点及增益 K 可以唯一确定这个系统。因此，可将以上传递函数模型输入 MATLAB 环境中，命令格式为

```
z = [z1, z2, …, zm]
p = [p1, p2, …, pn]
k = K
[num, den] = zp2tf(z, p, k)
printsys(num, den)
```

例 2.3 一个系统的传递函数为 $G(s)=\dfrac{12(s+5)}{(s+11)(s+9)(s+2)}$。使用 MATLAB 建立系统的零极点模型，并转换成多项式模型。

解：在 MATLAB 命令窗(Command Window)依次写入下列程序。

```
>>z =[-5];                          %赋零点值，向量
>>p =[-11, -9, -2];                 %赋极点值，向量
>>k=12;                             %赋增益(比例系数)值，标量
>>[num, den]=zp2tf(z, p, k);        %零极点模型转换成多项式模型
>>printsys(num, den)                %构造传递函数 G(s)并显示
```

运行结果：

```
num/den =
          12 s + 60
   ------------------------------
    s^3 + 22 s^2 + 139 s + 198
```

2.6 思 考 题

1．什么是物理模型？它与实际系统有什么差别？

2．什么是非线性？在实际系统中有哪些非线性因素？

3．MATLAB 实验练习：

(1) 试在 MATLAB 中将下列传递函数模型 $G(s)$ 创建为 TF 模型。

① $G(s)=\dfrac{7s^2+5}{s^4+2s^3+4s+1}$；

② $G(s)=\dfrac{2(s+2)}{(s^2+2s+5)^2(s^2+1)}$。

(2) 系统传递函数为 $G(s)=\dfrac{12(s+5)(s+2)}{(s+1)(2s+8)}$。使用 MATLAB 建立系统的零极点模型，并转换成多项式模型。

第3章　线性系统的时域分析方法

3.1　引　　言

系统分析就是根据系统的数学模型来研究系统是否稳定、其动态性能和稳态性能是否满足性能指标要求。在经典控制理论中常用的系统分析方法有时域分析法、根轨迹分析法和频域分析法。本章将引入时域分析方法进行系统分析，通过观察系统对典型输入信号的响应来讨论控制系统性能的优劣。

时域分析方法以时间 t 作为自变量，研究控制系统的输出信号和输入信号之间的关系。其特点是直观、准确。在时域分析方法中，系统的输入信号往往是已知的，系统的输出信号又称为时间响应。

本章实验的主要内容为观察和绘制系统对典型输入信号的时间响应，并对系统性能及改善系统性能的方法进行分析。

实验目的：掌握系统的时域分析基本方法。

实验内容：

(1)典型环节的时域响应实验。

(2)工作台位置控制系统的时域响应实验。

(3)用 MATLAB 工具进行时域分析实验。

实验要求：掌握系统的时域分析方法，能够根据响应曲线判断系统的时域性能，了解参数变化对典型环节动态特性的影响。

3.2　典型环节的时域响应

3.2.1　比例环节(P)

1. 方框图

比例环节的方框图如图3.1所示。

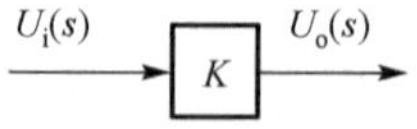

$U_i(s)$ → K → $U_o(s)$

图3.1　比例环节的方框图

2. 传递函数

$$\frac{U_o(s)}{U_i(s)} = K$$

3. 阶跃响应

$$u_o(t) = K \qquad (t \geqslant 0)$$

其中，$K = \dfrac{R_1}{R_0}$。

4. 模拟电路

比例环节的模拟电路如图 3.2 所示。

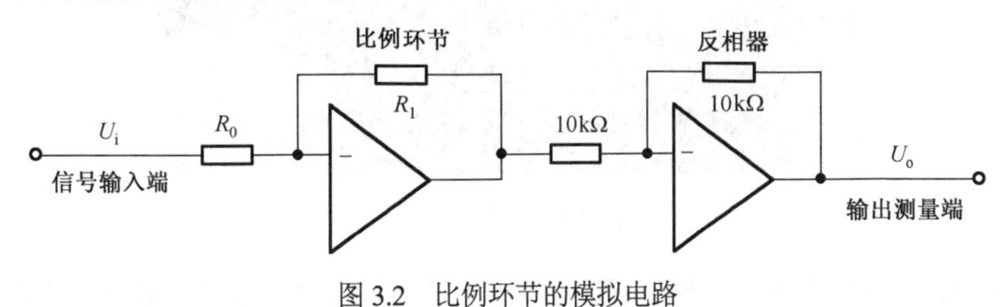

图 3.2　比例环节的模拟电路

注意：图中运算放大器的正向输入端已经对地接了 100kΩ 的电阻，实验中不需要另外连接。以后的实验中用到的运放也是如此。

5. 实验步骤

(1) 打开计算机，运行虚拟仪器软件 TD-OSC.exe，界面如图 3.3 所示。

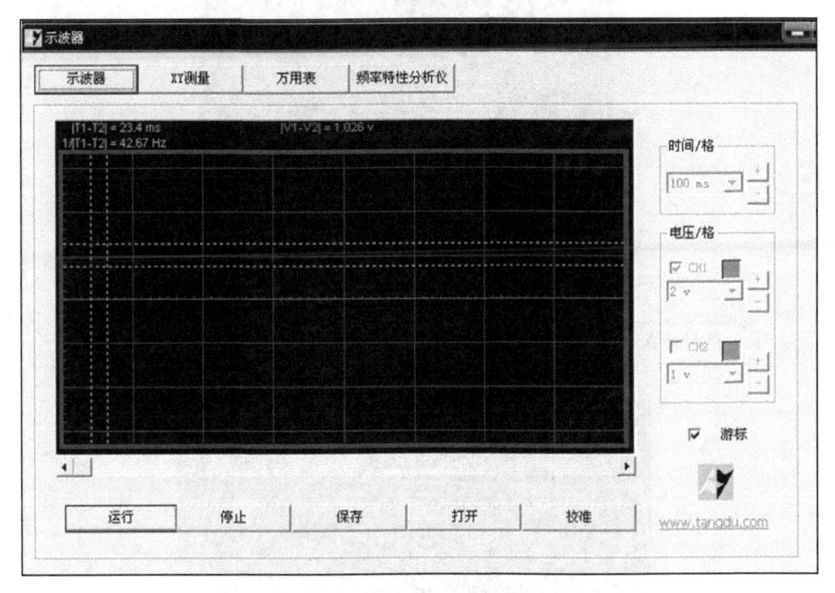

图 3.3　虚拟仪器

(2) 将信号源单元的“ST”端插针与“S”端插针用短路块短接(图 3.4 左下)，使运放具有锁零功能。

(3) 将开关设在方波挡(图 3.4 中)，分别调节调幅和调频电位器(图 3.4 右)，使得“OUT”端输出的方波幅值为 1V，周期为 10s 左右。

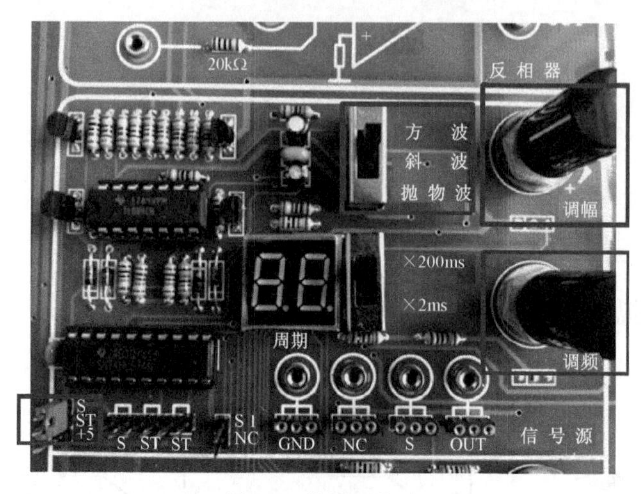

图 3.4　信号源单元

(4)根据模拟电路，取 $R_0 = 200\text{k}\Omega$，$R_1 = 100\text{k}\Omega$，用短路块和连接线连接实验电路，如图 3.5 所示，其中μ代表μF。检查无误后打开实验箱电源(图 3.6)。

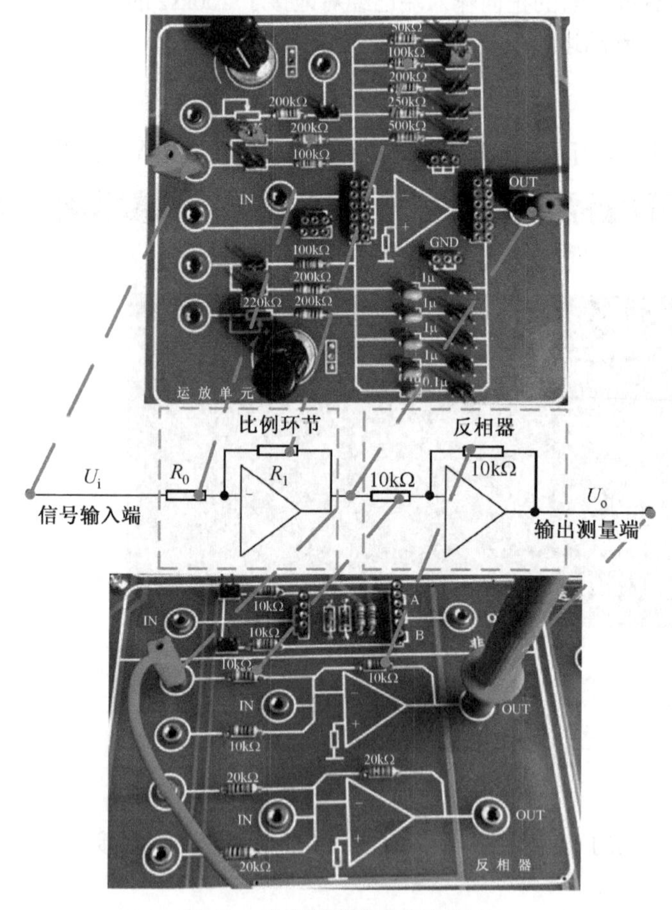

图 3.5　比例环节的电路连接图

$R_0 = 200\text{k}\Omega$，$R_1 = 100\text{k}\Omega$

(5) 将方波信号加到环节的输入端 U_i，用示波器的“CH1”和“CH2”表笔分别监测模拟电路的输入 U_i 和输出 U_o（图 3.7），观测输出端的实际响应曲线 $u_o(t)$，记录实验波形及结果，并与理想响应曲线进行对比。

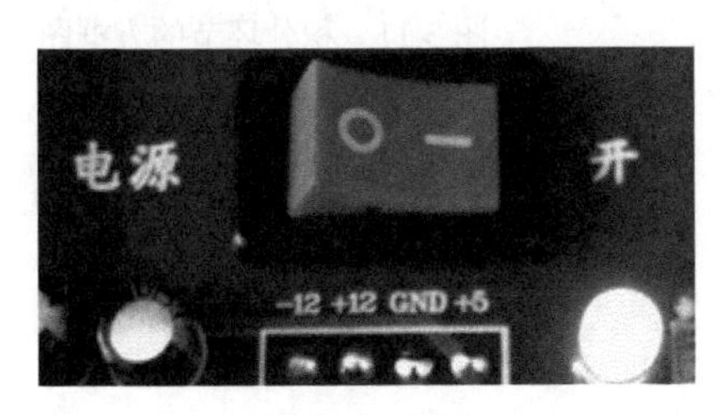

图 3.6　电源

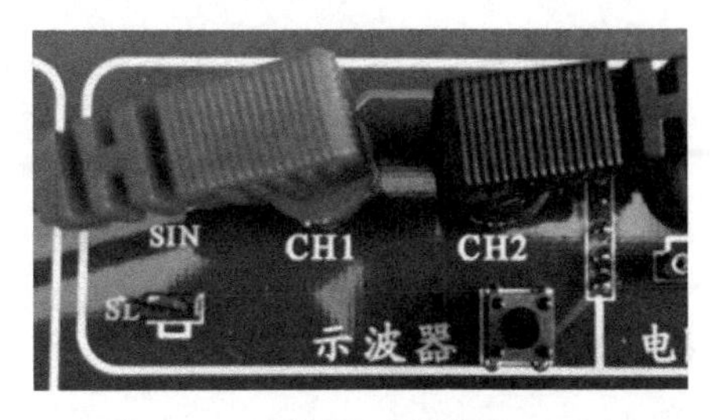

图 3.7　示波器

(6) 取 $R_0 = 200\text{k}\Omega$，$R_1 = 200\text{k}\Omega$（图 3.8），监测模拟电路的输入 U_i 和输出 U_o，观测输出端的实际响应曲线 $u_o(t)$，记录实验波形及结果，并与上一组实验结果进行对比。

图 3.8　$R_0 = 200\text{k}\Omega$，$R_1 = 100\text{k}\Omega$

6. 时域响应

(1) 取 $R_0 = 200\text{k}\Omega$，$R_1 = 100\text{k}\Omega$，比例环节的时域响应如图 3.9 所示。

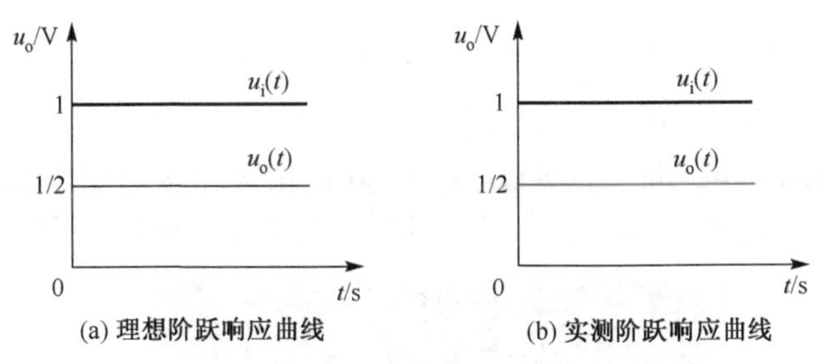

(a) 理想阶跃响应曲线　　(b) 实测阶跃响应曲线

图 3.9　比例环节的时域响应(1)

(2) 取 $R_0 = 200\text{k}\Omega$，$R_1 = 200\text{k}\Omega$，比例环节的时域响应如图 3.10 所示。

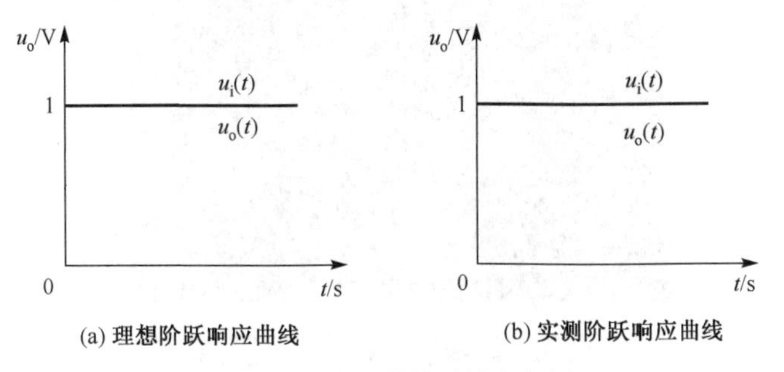

(a) 理想阶跃响应曲线　　(b) 实测阶跃响应曲线

图 3.10　比例环节的时域响应(2)

3.2.2　积分环节(I)

1. 方框图

积分环节的方框图如图 3.11 所示。

2. 传递函数

$$\frac{U_o(s)}{U_i(s)}=\frac{1}{Ts}$$

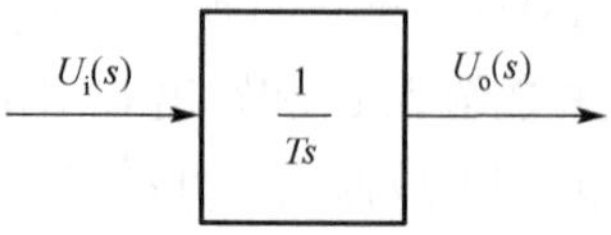

$U_i(s)$ → $\frac{1}{Ts}$ → $U_o(s)$

图 3.11　积分环节的方框图

3. 阶跃响应

$$u_o(t)=\frac{1}{T}t \qquad (t \geqslant 0)$$

其中，$T=R_0C$。

4. 模拟电路

积分环节的模拟电路如图 3.12 所示。

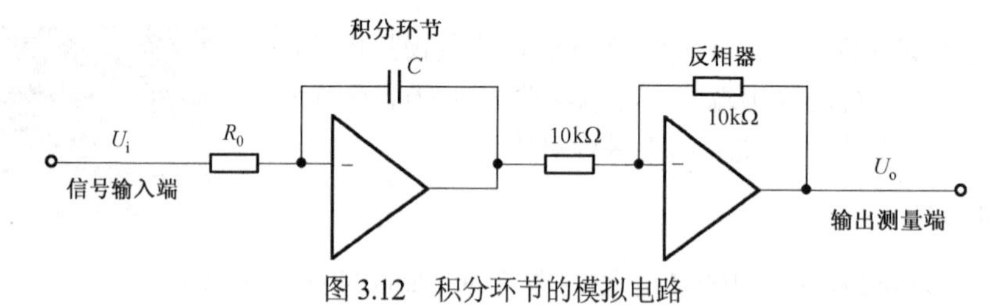

图 3.12　积分环节的模拟电路

5. 实验步骤

(1) 信号源的连接与比例环节实验相同。

(2) 根据模拟电路，取 R_0 = 200kΩ，C = 1μF，用短路块和连接线连接实验电路，如图 3.13 所示(反相器的连接方法参考图 3.5)，其中μ代表μF。检查无误后打开实验箱电源。

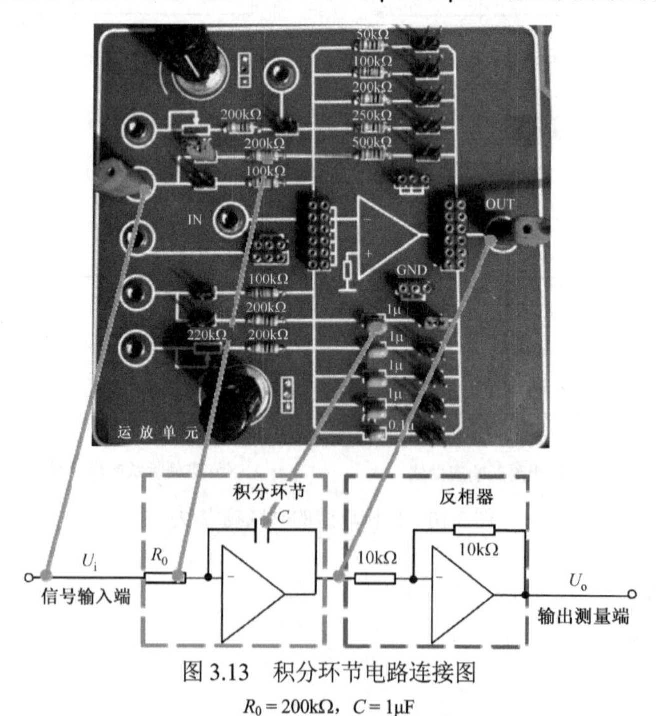

图 3.13　积分环节电路连接图

R_0 = 200kΩ，C = 1μF

(3) 将方波信号加到环节的输入端 U_i，用示波器的“CH1”和“CH2”表笔分别监测模拟电路的输入 U_i 和输出 U_o，观测输出端的实际响应曲线 $u_o(t)$，记录实验波形及结果，并与理想响应曲线进行对比。

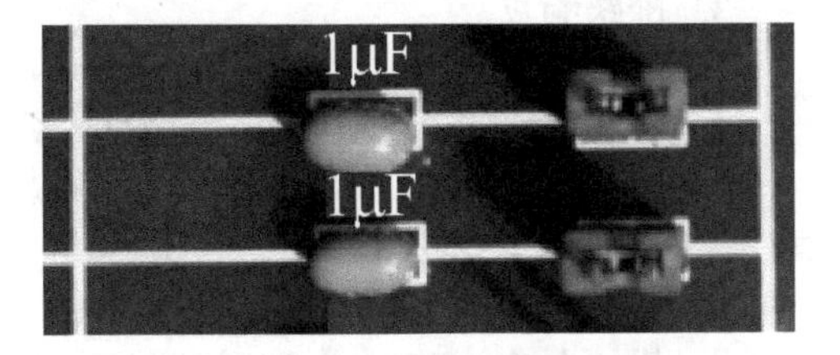

图 3.14　$C=2\mu F$

(4) 取 $R_0=200k\Omega$，$C=2\mu F$（图 3.14），监测模拟电路的输入 U_i 和输出 U_o，观测输出端的实际响应曲线 $u_o(t)$，记录实验波形及结果，并与上一组实验结果进行对比。

6. 时域响应

(1) 取 $R_0=200k\Omega$，$C=1\mu F$，积分环节的时域响应如图 3.15 所示。

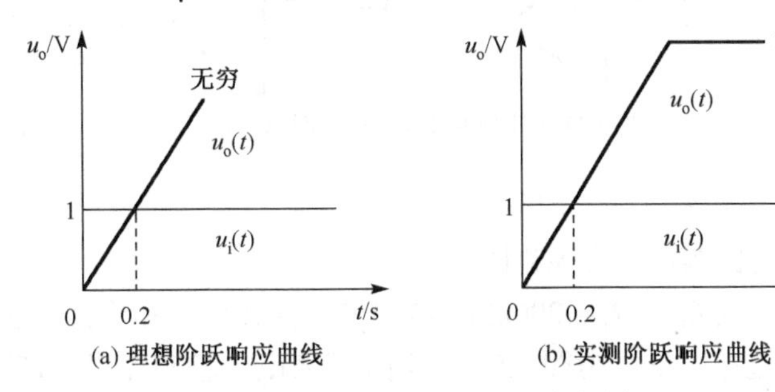

图 3.15　积分环节的时域响应(1)

(2) 取 $R_0=200k\Omega$，$C=2\mu F$，积分环节的时域响应如图 3.16 所示。

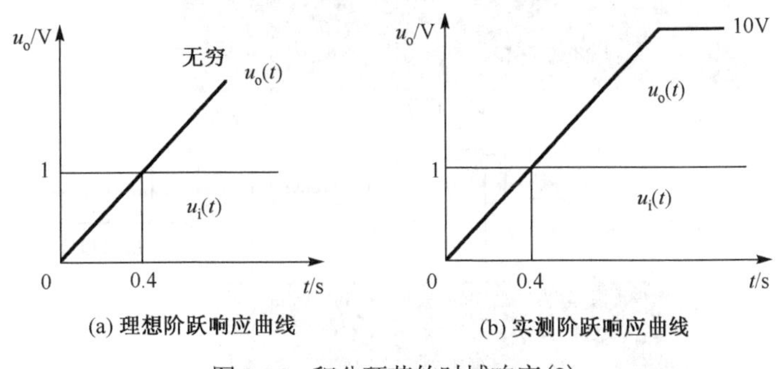

图 3.16　积分环节的时域响应(2)

3.2.3　比例积分环节(PI)

1. 方框图

比例积分环节的方框图如图 3.17 所示。

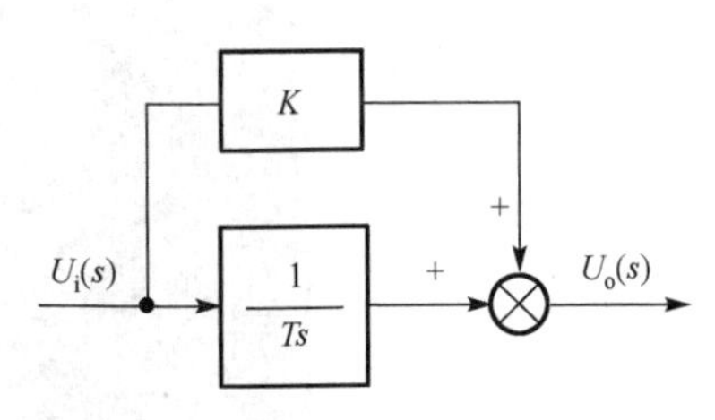

图 3.17　比例积分环节的方框图

2. 传递函数

$$\frac{U_o(s)}{U_i(s)}=K+\frac{1}{Ts}$$

3. 阶跃响应

$$u_o(t)=K+\frac{1}{T}t \qquad (t\geqslant 0)$$

其中，$K=\dfrac{R_1}{R_0}$；$T=R_0C$。

4. 模拟电路

比例积分环节的模拟电路如图 3.18 所示。

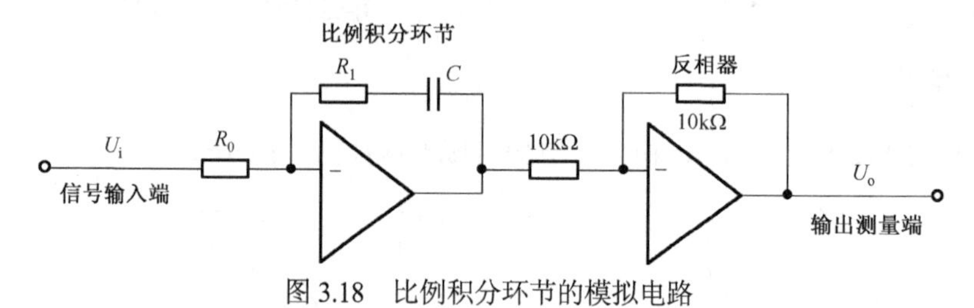

图 3.18　比例积分环节的模拟电路

5. 实验步骤

(1)信号源的连接与比例环节实验相同。

(2)根据模拟电路，取 $R_0=R_1=200\text{k}\Omega$，$C=1\mu\text{F}$，用短路块和连接线连接实验电路，如图 3.19 所示(反相器的连接方法参考图 3.5)，其中μ代表μF。检查无误后打开实验箱电源。

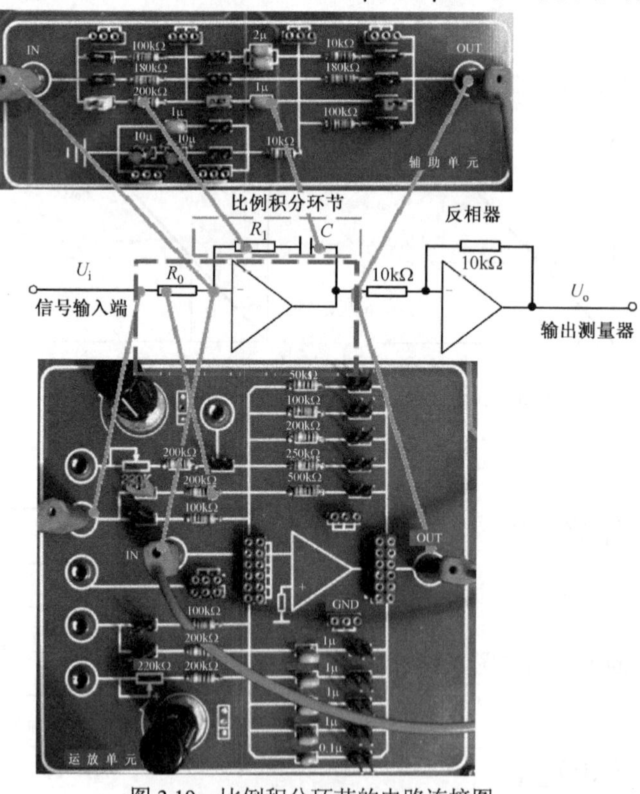

图 3.19　比例积分环节的电路连接图

$R_0=R_1=200\text{k}\Omega$，$C=1\mu\text{F}$

(3) 将方波信号加到环节的输入端 U_i，用示波器的“CH1”和“CH2”表笔分别监测模拟电路的输入 U_i 和输出 U_o，观测输出端的实际响应曲线 $u_o(t)$，记录实验波形及结果，并与理想响应曲线进行对比。

(4) 取 $R_0 = R_1 = 200\text{k}\Omega$，$C = 2\mu\text{F}$ (图 3.20)，监测模拟电路的输入 U_i 和输出 U_o，观测输出端的实际响应曲线 $u_o(t)$，记录实验波形及结果，并与上一组实验结果进行对比。

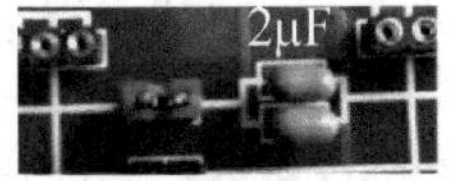

图 3.20　$C = 2\mu\text{F}$

6. 时域响应

(1) 取 $R_0 = R_1 = 200\text{k}\Omega$，$C = 1\mu\text{F}$，比例积分环节的时域响应如图 3.21 所示。

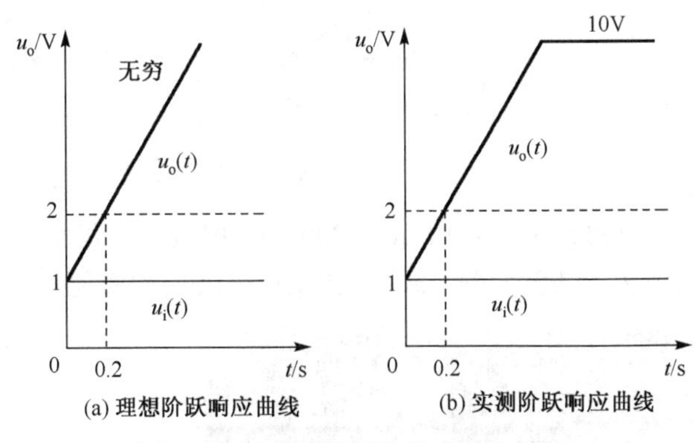

图 3.21　比例积分环节的时域响应 (1)

(2) 取 $R_0 = R_1 = 200\text{k}\Omega$，$C = 2\mu\text{F}$，比例积分环节的时域响应如图 3.22 所示。

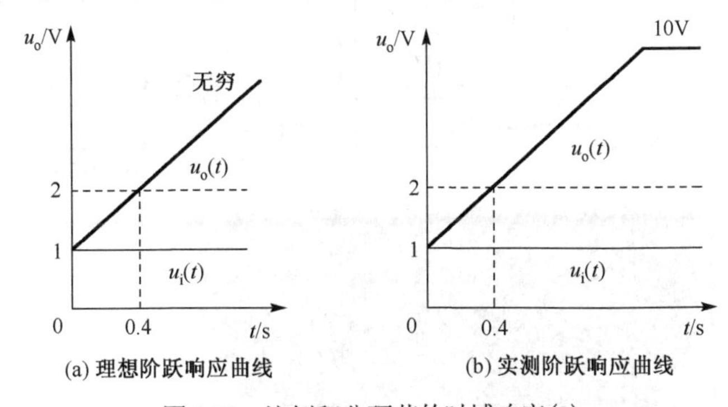

图 3.22　比例积分环节的时域响应 (2)

3.2.4　比例微分环节 (PD)

1. 方框图

比例微分环节的方框图如图 3.23 所示。

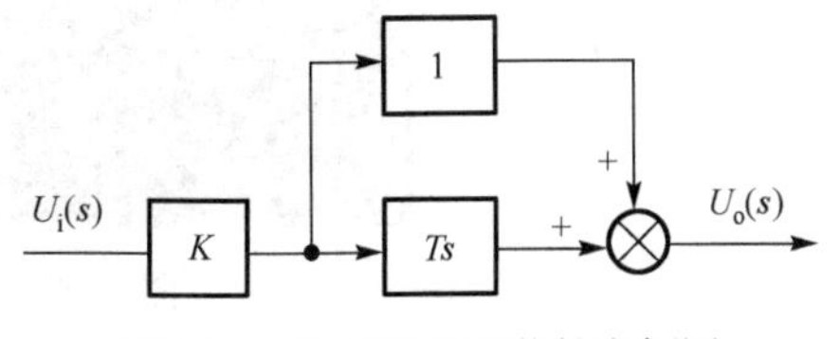

图 3.23　比例微分环节的方框图

2. 传递函数

$$\frac{U_o(s)}{U_i(s)} = K\frac{1+Ts}{1+\tau s}$$

3. 阶跃响应

$$u_o(t) = KT\delta(t) + K \quad (t \geqslant 0)$$

其中，$K = \dfrac{R_1 + R_2}{R_0}$；$T = \dfrac{R_1 R_2}{R_1 + R_2} R_3 C$；$\tau = R_3 C$；$\delta(t)$ 为单位脉冲函数，这是一个面积为 t 的脉冲函数，脉冲宽度为零，幅值为无穷大(在实际中是得不到的)。

4. 模拟电路

比例微分环节的模拟电路如图 3.24 所示。

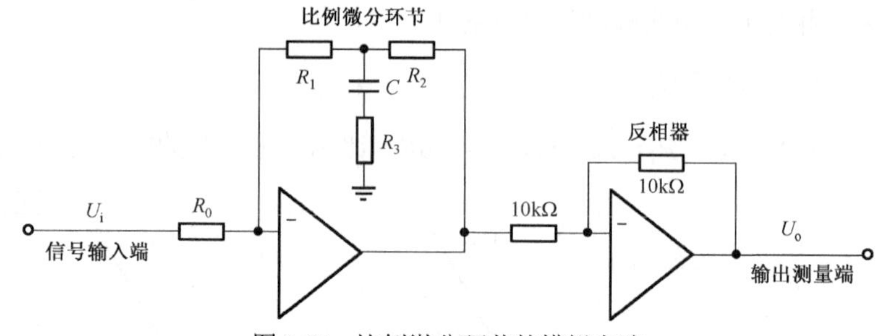

图 3.24 比例微分环节的模拟电路

5. 实验步骤

(1) 信号源的连接与比例环节实验相同。

(2) 根据模拟电路，取 $R_0 = R_2 = 100\text{k}\Omega$，$R_3 = 10\text{k}\Omega$，$C = 1\mu\text{F}$，$R_1 = 200\text{k}\Omega$，用短路块和连接线连接实验电路，如图 3.25 所示(反相器的连接方法参考图 3.5)，其中μ代表μF。检查无误后打开实验箱电源。

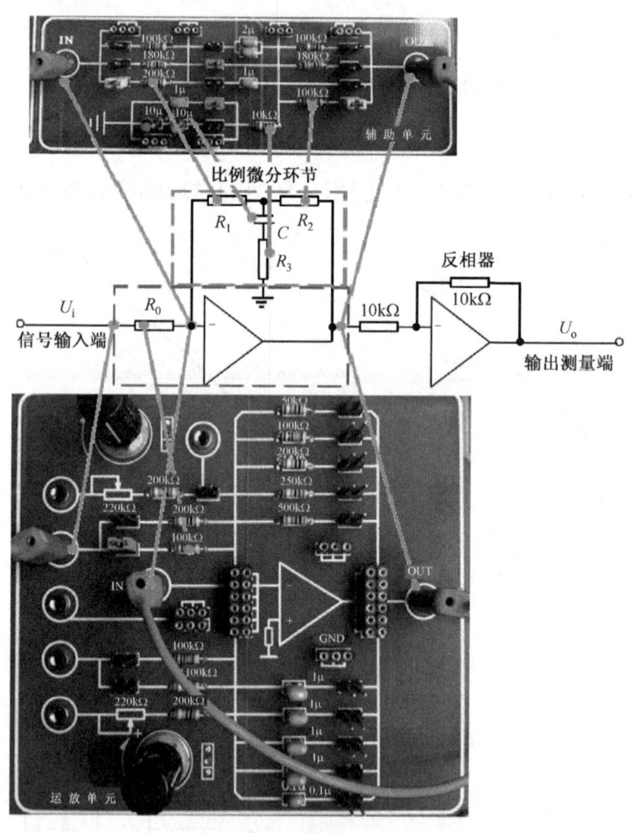

图 3.25 比例微分环节的电路连接图

$R_0 = R_2 = 100\text{k}\Omega$，$R_3 = 10\text{k}\Omega$，$C = 1\mu\text{F}$，$R_1 = 200\text{k}\Omega$

(3) 将方波信号加到环节的输入端 U_i，用示波器的“CH1”和“CH2”表笔分别监测模

拟电路的输入 U_i 和输出 U_o，观测输出端的实际响应曲线 $u_o(t)$，记录实验波形及结果，并与理想响应曲线进行对比。

(4) 取 $R_0 = R_2 = 100\text{k}\Omega, R_3 = 10\text{k}\Omega, C = 1\mu\text{F}, R_1 = 100\text{k}\Omega$ (图 3.26)，监测模拟电路的输入 U_i 和输出 U_o，观测输出端的实际响应曲线 $u_o(t)$，记录实验波形及结果，并与上一组实验结果进行对比。

图 3.26　$R_1 = 100\text{k}\Omega$

6. 时域响应

(1) 取 $R_0 = R_2 = 100\text{k}\Omega$，$R_3 = 10\text{k}\Omega$，$C = 1\mu\text{F}$，$R_1 = 200\text{k}\Omega$，比例微分环节的时域响应如图 3.27 所示。

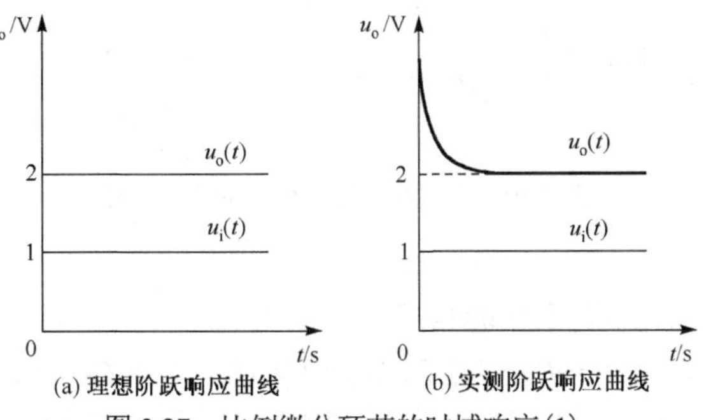

图 3.27　比例微分环节的时域响应(1)

(2) 取 $R_0 = R_2 = 100\text{k}\Omega$，$R_3 = 10\text{k}\Omega$，$C = 1\mu\text{F}$，$R_1 = 100\text{k}\Omega$，比例微分环节的时域响应如图 3.28 所示。

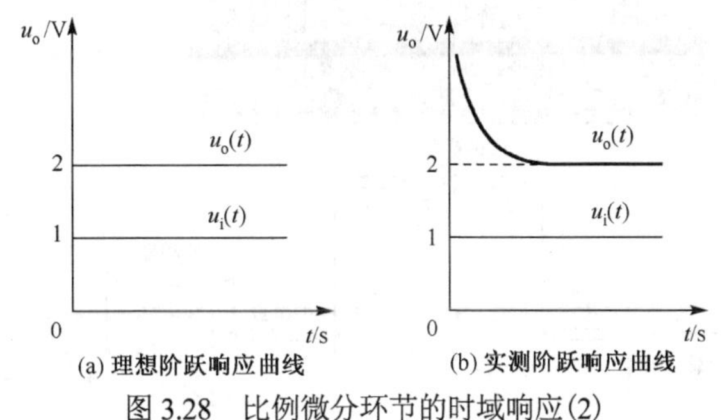

图 3.28　比例微分环节的时域响应(2)

3.2.5　比例积分微分环节(PID)

1. 方框图

比例积分微分环节的方框图如图 3.29 所示。

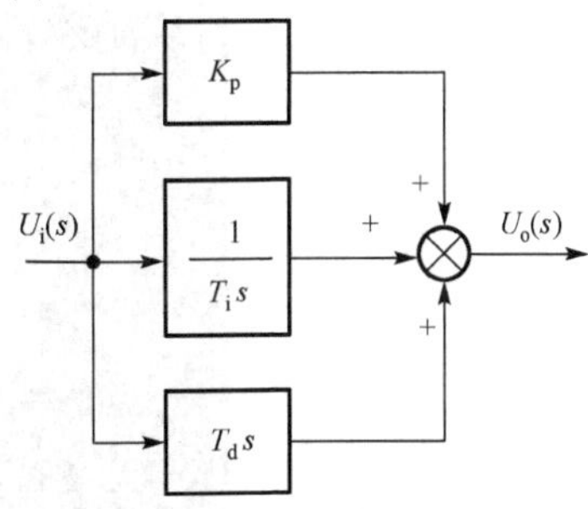

图 3.29　比例积分微分环节的方框图

2. 传递函数

$$\frac{U_o(s)}{U_i(s)} = K_p + \frac{1}{T_i s} + T_d s$$

3. 阶跃响应

$$u_o(t) = T_d \delta(t) + K_p + \frac{1}{T_i} t \qquad (t \geqslant 0)$$

其中，$K_p = \dfrac{R_1}{R_0}$；$T_i = R_0 C_1$；$T_d = \dfrac{R_1 R_2 C_2}{R_0}$；$\delta(t)$ 为单位脉冲函数。

4. 模拟电路

比例积分微分环节的模拟电路如图 3.30 所示。

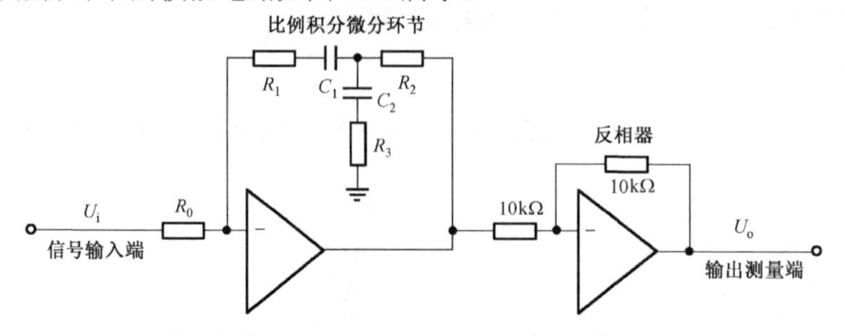

图 3.30　比例积分微分环节的模拟电路

5. 实验步骤

(1) 信号源的连接与比例环节实验相同。

(2) 根据模拟电路，取 $R_2 = R_3 = 10\text{k}\Omega$，$R_0 = 100\text{k}\Omega$，$C_1 = C_2 = 1\mu\text{F}$，$R_1 = 100\text{k}\Omega$，用短路块和连接线连接实验电路，如图 3.31 所示（反相器的连接方法参考图 3.5），其中μ代表μF。检查无误后打开实验箱电源。

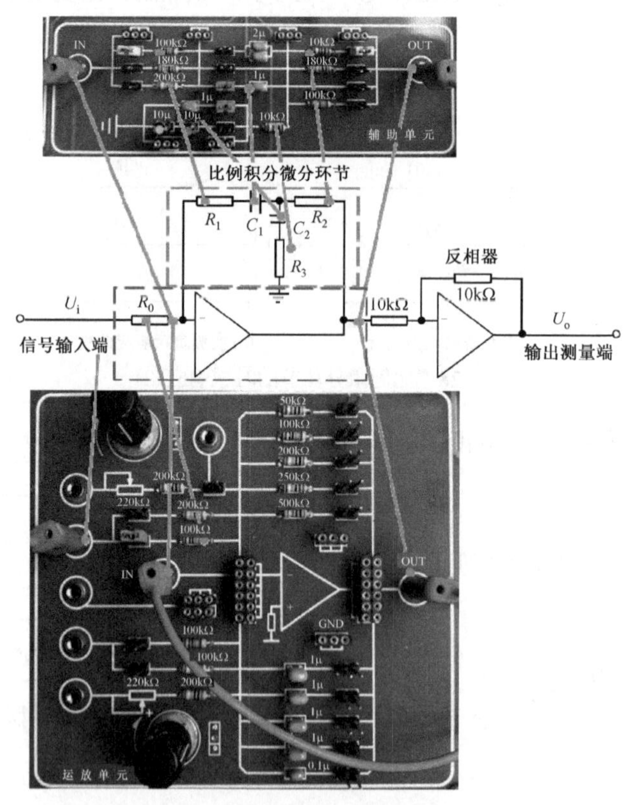

图 3.31　比例积分微分环节的电路连接图

$R_0 = 100\text{k}\Omega$，$R_3 = R_2 = 10\text{k}\Omega$，$C_1 = C_2 = 1\mu\text{F}$，$R_1 = 100\text{k}\Omega$

(3) 将方波信号加到环节的输入端 U_i，用示波器的"CH1"和"CH2"表笔分别监测模拟电路的输入 U_i 和输出 U_o，观测输出端的实际响应曲线 $u_o(t)$，记录实验波形及结果，并与理想响应曲线进行对比。

(4) 取 $R_0 = R_2 = 100\text{k}\Omega$，$R_3 = 10\text{k}\Omega$，$C_1 = C_2 = 1\mu\text{F}$，$R_1 = 200\text{k}\Omega$，监测模拟电路的输入 U_i 和输出 U_o，观测输出端的实际响应曲线 $u_o(t)$，记录实验波形及结果，并与上一组实验结果进行对比。

6. 时域响应

(1) 取 $R_2 = R_3 = 10\text{k}\Omega$，$R_0 = 100\text{k}\Omega$，$C_1 = C_2 = 1\mu\text{F}$，$R_1 = 100\text{k}\Omega$，比例积分微分环节的时域响应如图 3.32 所示。

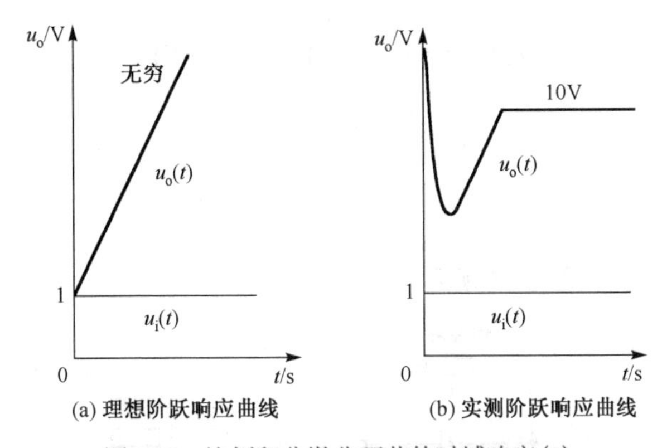

图 3.32　比例积分微分环节的时域响应(1)

(2) 取 $R_2 = R_3 = 10\text{k}\Omega$，$R_0 = 100\text{k}\Omega$，$C_1 = C_2 = 1\mu\text{F}$，$R_1 = 200\text{k}\Omega$，比例积分微分环节的时域响应如图 3.33 所示。

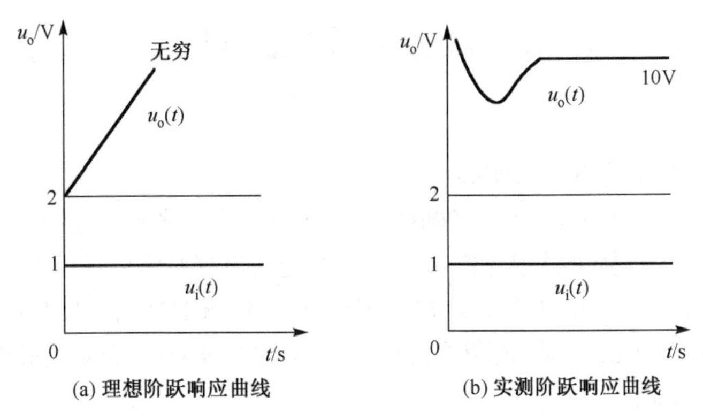

图 3.33　比例积分微分环节的时域响应(2)

3.2.6　典型一阶系统(惯性环节)

1. 方框图

典型一阶系统(惯性环节)的方框图如图 3.34 所示。

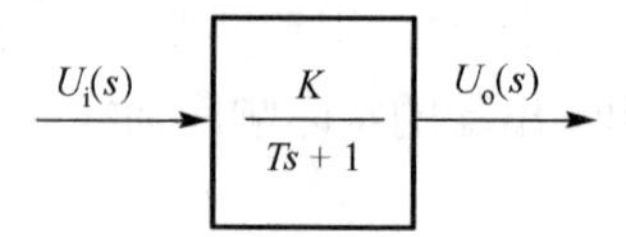

图 3.34　惯性环节的方框图

2. 传递函数

$$\frac{U_o(s)}{U_i(s)} = \frac{K}{Ts+1}$$

3. 阶跃响应

$$u_o(t) = K(1-e^{-\frac{t}{T}}) \qquad (t \geqslant 0)$$

其中，$K = \frac{R_1}{R_0}$；$T = R_1 C$。

4. 模拟电路

惯性环节的模拟电路如图 3.35 所示。

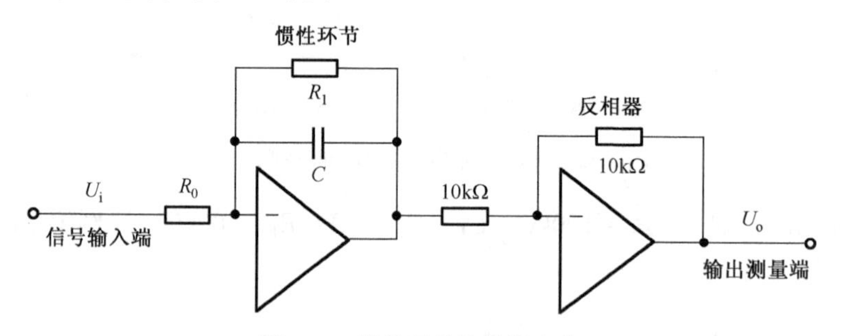

图 3.35　惯性环节的模拟电路

5. 实验步骤

(1) 信号源的连接与比例环节实验相同。

(2) 根据模拟电路，取 $R_0 = R_1 = 200\text{k}\Omega$，$C = 1\mu\text{F}$，用短路块和连接线连接实验电路，如图 3.36 所示(反相器的连接方法参考图 3.5)，检查无误后打开实验箱电源。

(3) 将方波信号加到环节的输入端 U_i，用示波器的“CH1”和“CH2”表笔分别监测模拟电路的输入 U_i 和输出 U_o，观测输出端的实际响应曲线 $u_o(t)$，记录实验波形及结果，并与理想响应曲线进行对比。

(4) 取 $R_0 = R_1 = 200\text{k}\Omega$，$C = 2\mu\text{F}$ (图 3.37)，监测模拟电路的输入 U_i 和输出 U_o，观测输出端的实际响应曲线 $u_o(t)$，记录实验波形及结果，并与上一组实验结果进行对比。

6. 时域响应

(1) 取 $R_0 = R_1 = 200\text{k}\Omega$，$C = 1\mu\text{F}$，惯性环节的时域响应如图 3.38 所示，其中μ代表μF。

(2) 取 $R_0 = R_1 = 200\text{k}\Omega$，$C = 2\mu\text{F}$，惯性环节的时域响应如图 3.39 所示。

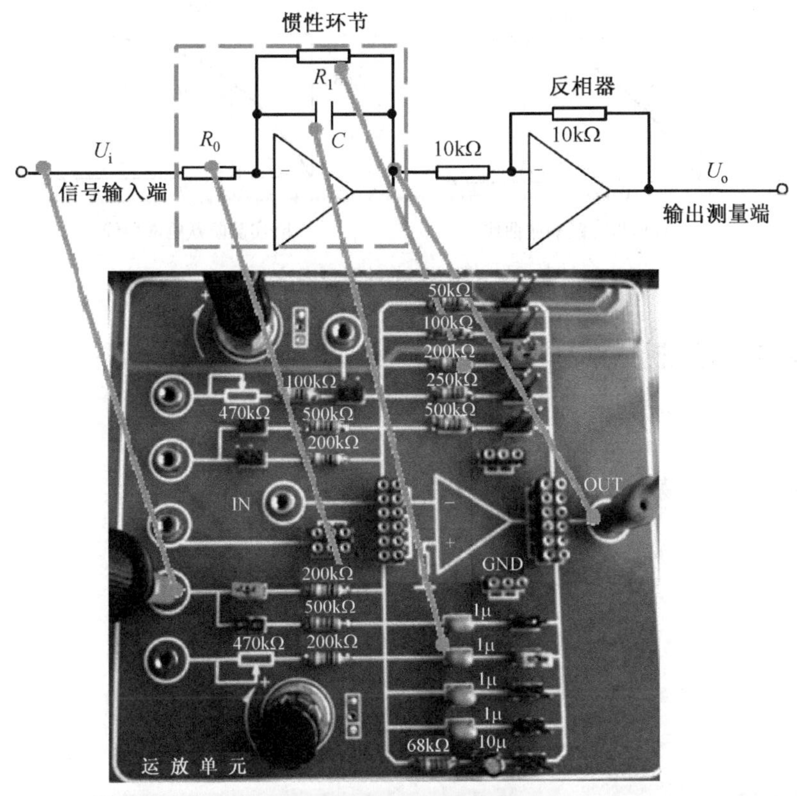

图 3.36　惯性环节电路连接图

$R_0=R_1=200\text{k}\Omega$，$C=1\mu\text{F}$

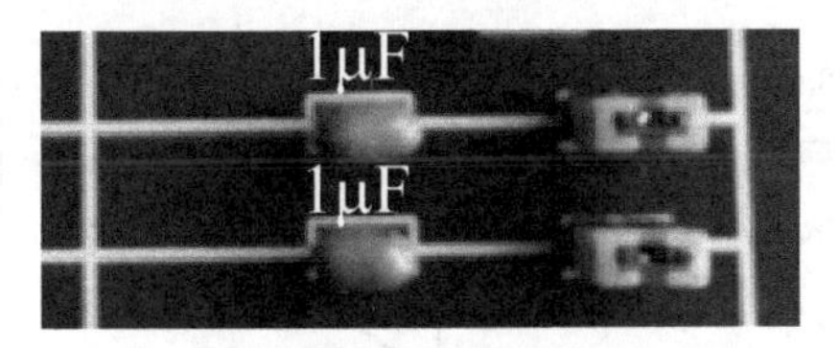

图 3.37　$C=2\mu\text{F}$

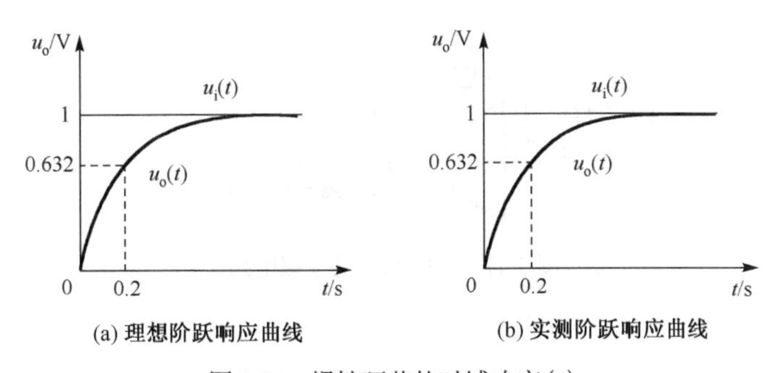

图 3.38　惯性环节的时域响应(1)

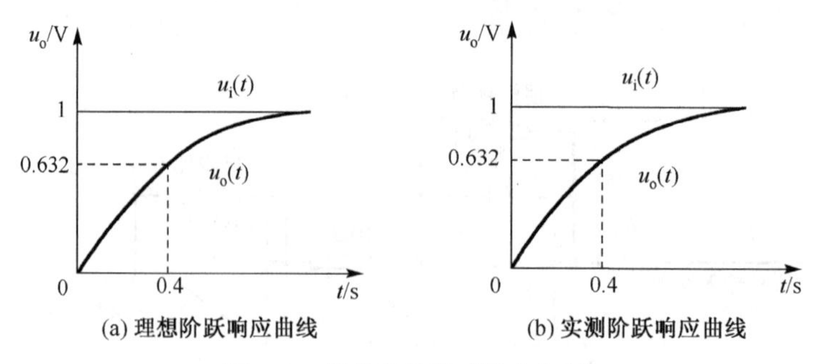

图 3.39　惯性环节的时域响应(2)

3.2.7　典型二阶系统(振荡环节)

1. 方框图

典型二阶系统(振荡环节)的方框图如图 3.40 所示。

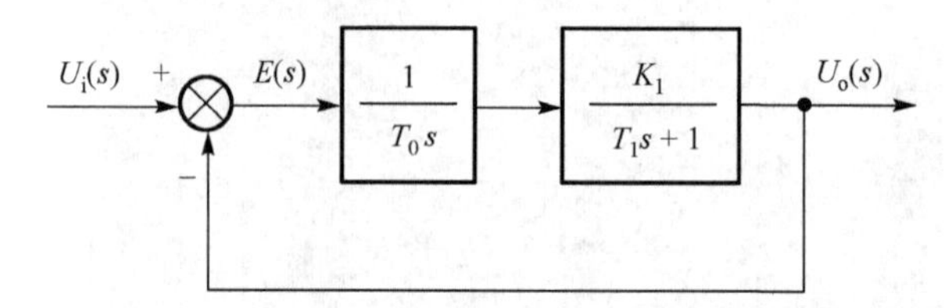

图 3.40　典型二阶系统(振荡环节)的方框图

2. 模拟电路

二阶系统的模拟电路如图 3.41 所示。

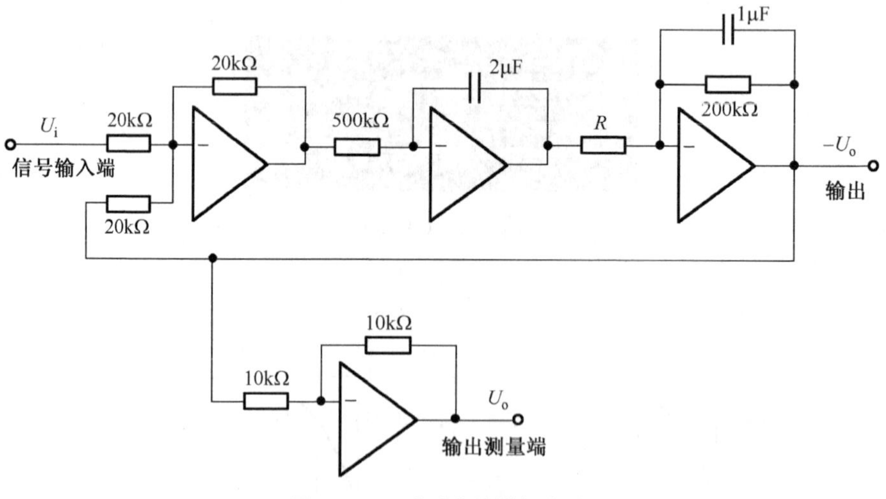

图 3.41　二阶系统的模拟电路

3. 理论分析

系统的开环传递函数为

$$G(s)=\frac{K_1}{T_0 s(T_1 s+1)}=\frac{K_1/T_0}{s(T_1 s+1)}$$

开环增益为

$$K=K_1/T_0$$

4. 实验内容

先算出临界阻尼、欠阻尼和过阻尼时电阻 R 的理论值，再将理论值应用于模拟电路中，观察二阶系统的动态性能及稳定性，应与理论分析基本吻合。在此实验中(图 3.40)，$T_0=1\text{s}$，$T_1=0.2\text{s}$，$K_1=200/R$。

系统的闭环传递函数为

$$G(s)=\frac{\omega_n^2}{s^2+2\xi\omega_n s+\omega_n^2}=\frac{K/T_1}{s^2+5s+K/T_1}$$

其中，$\omega_n=\sqrt{\frac{K}{T_1}}=10\sqrt{\frac{10}{R}}$；$\xi=\frac{5}{2\omega_n}=\frac{\sqrt{10R}}{40}$。

5. 实验步骤

(1) 信号源的连接与比例环节实验相同。

(2) 根据模拟电路，取 $R=10\text{k}\Omega$，用短路块和连接线连接实验电路，如图 3.42 所示，其中μ代表μF。检查无误后打开实验箱电源。

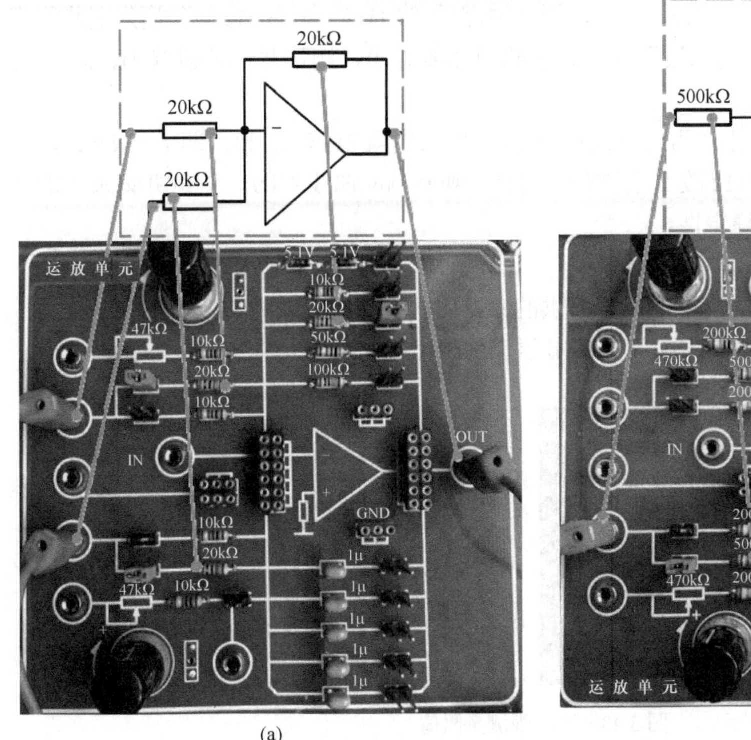

(a)

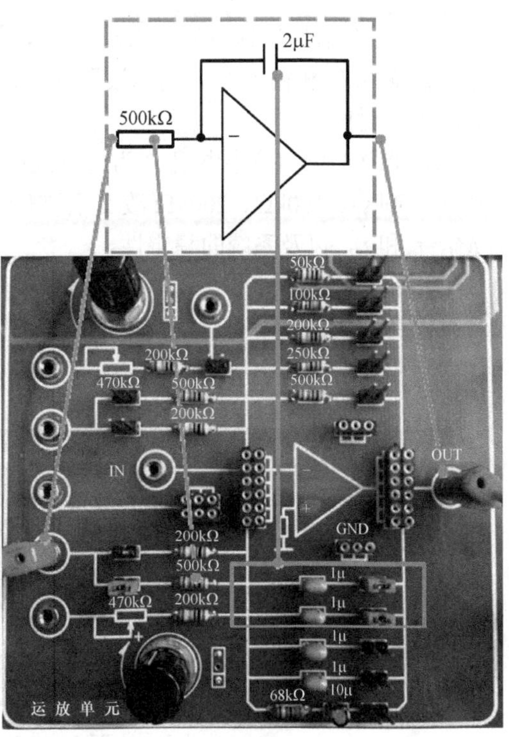

(b)

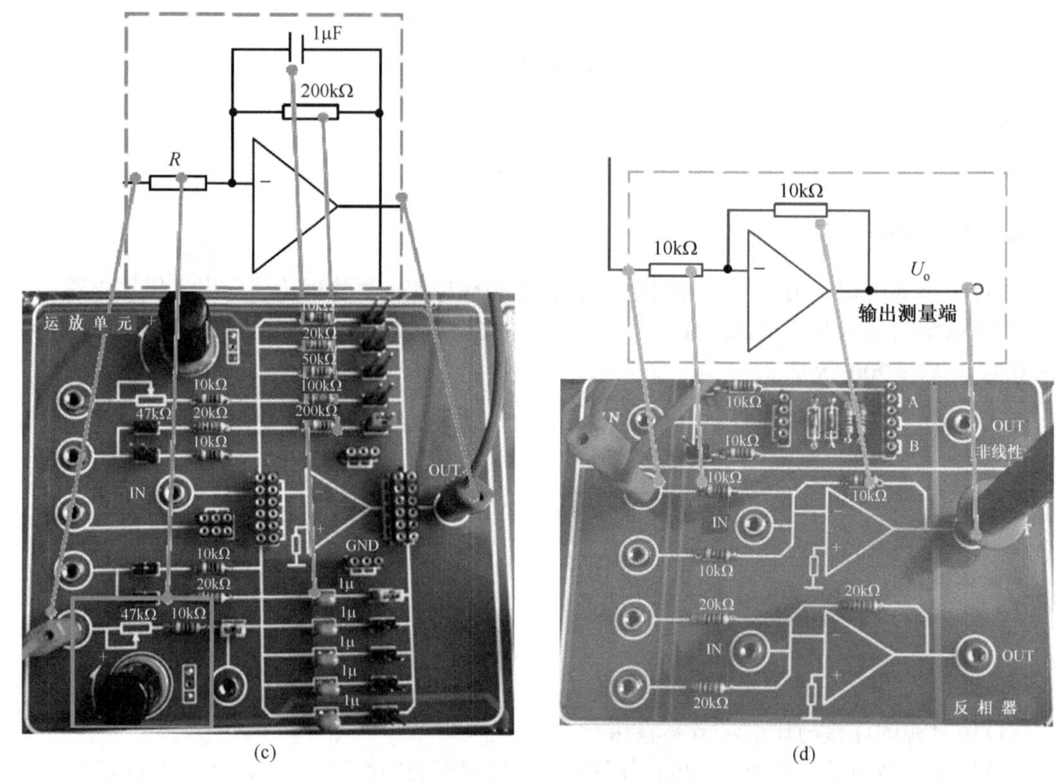

图 3.42　二阶系统的电路连接图

(3) 将方波信号加到环节的输入端 U_i，用示波器的"CH1"和"CH2"表笔分别监测模拟电路的输入 U_i 和输出 U_o，用示波器观察系统响应曲线 $C(t)$，测量并记录超调 M_p、峰值时间 t_p 和调节时间 t_s。

(4) 调节图 3.42(c) 中电阻 R 为旋转式可变电阻 R_c 与电阻 10kΩ 之和，即 $R = R_c+10$，分别按 $R = 50\text{k}\Omega$、160kΩ、200kΩ 改变系统开环增益，观察响应曲线 $C(t)$，测量并记录性能指标 M_p、t_p 和 t_s，以及系统的稳定性。

(5) 填写附表 1。

注意：电阻的调节可以采用虚拟仪器提供的"万用表"功能，表笔连接如图 3.43 所示。单击"万用表"界面中的"运行"按钮即可显示当前阻值(图 3.44)。

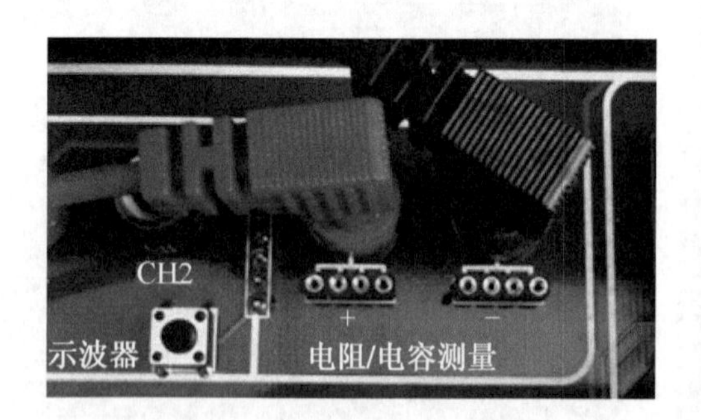

图 3.43　万用表测量阻值

图 3.44　虚拟万用表

3.2.8　典型三阶系统

1. 方框图

典型三阶系统的方框图如图 3.45 所示。

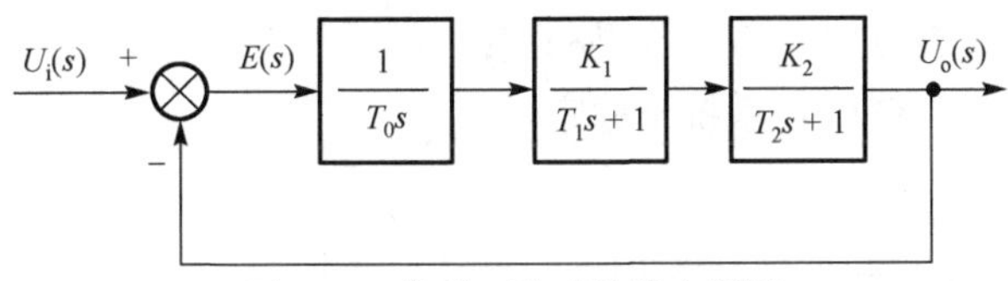

图 3.45　典型三阶系统的方框图

2. 模拟电路

三阶系统的模拟电路如图 3.46 所示。

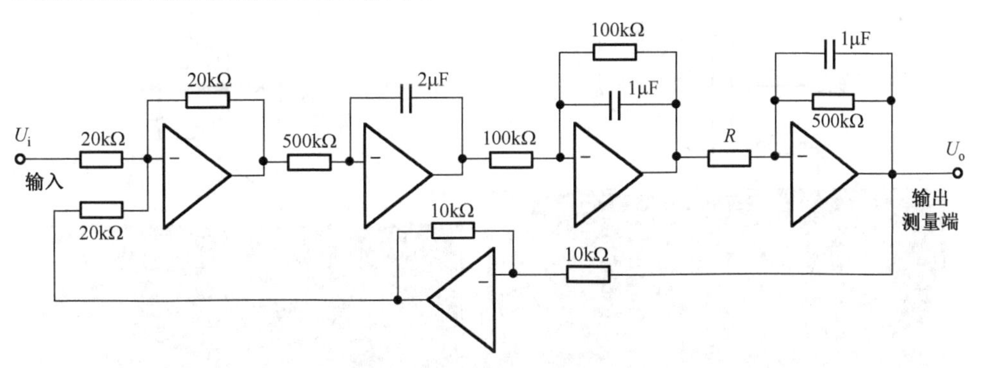

图 3.46　三阶系统的模拟电路

3. 理论分析

系统的开环传递函数为

$$G(s)H(s)=\frac{500/R}{s(0.1s+1)(0.5s+1)}$$

开环增益为

$$K=500/R$$

系统的特征方程为

$$1+G(s)H(s)=0$$

即

$$s^3+12s^2+20s+20K=0$$

Routh 行列式为

$$\begin{array}{lll} s^3 & 1 & 20 \\ s^2 & 12 & 20K \\ s^1 & -\dfrac{5}{3}K+20 & 0 \\ s^0 & 20K & 0 \end{array}$$

为了保证系统稳定，第一列各值应为正数，即

$$\begin{cases} -\dfrac{5}{3}K+20>0 \\ 20K>0 \end{cases}$$

可得

$0<K<12$，即 $R>41.7\text{k}\Omega$ 时，系统稳定；

$K=12$，即 $R=41.7\text{k}\Omega$ 时，系统临界稳定；

$K>12$，即 $R<41.7\text{k}\Omega$ 时，系统不稳定。

4. 实验步骤

(1) 信号源的连接与比例环节实验相同。

(2) 根据模拟电路，取 $R=30\text{k}\Omega$，用短路块和连接线连接实验电路，如图 3.47 所示，其中μ代表μF。检查无误后打开实验箱电源。

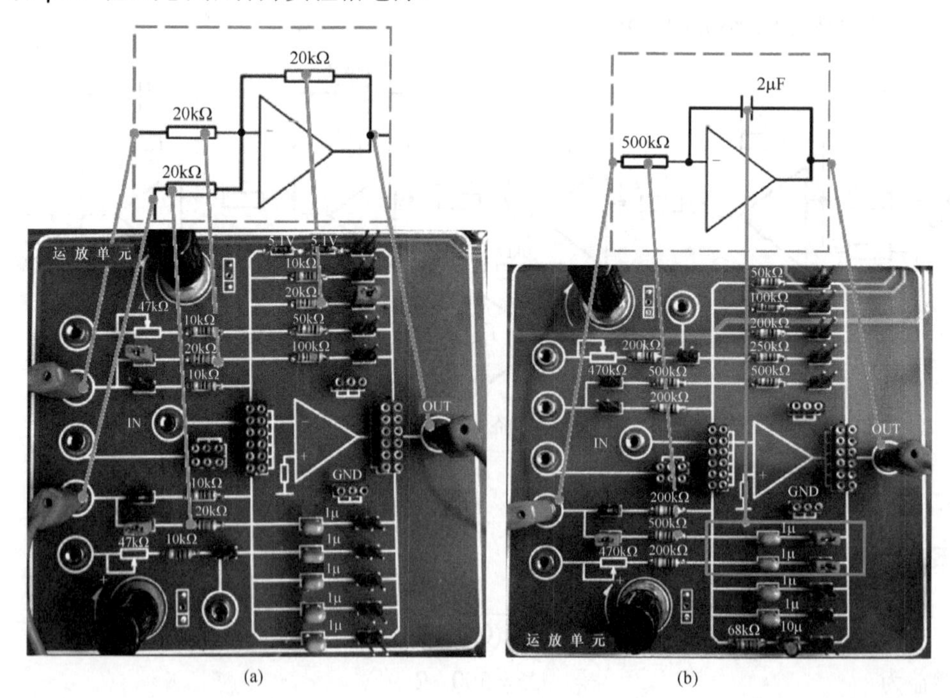

(a)　　(b)

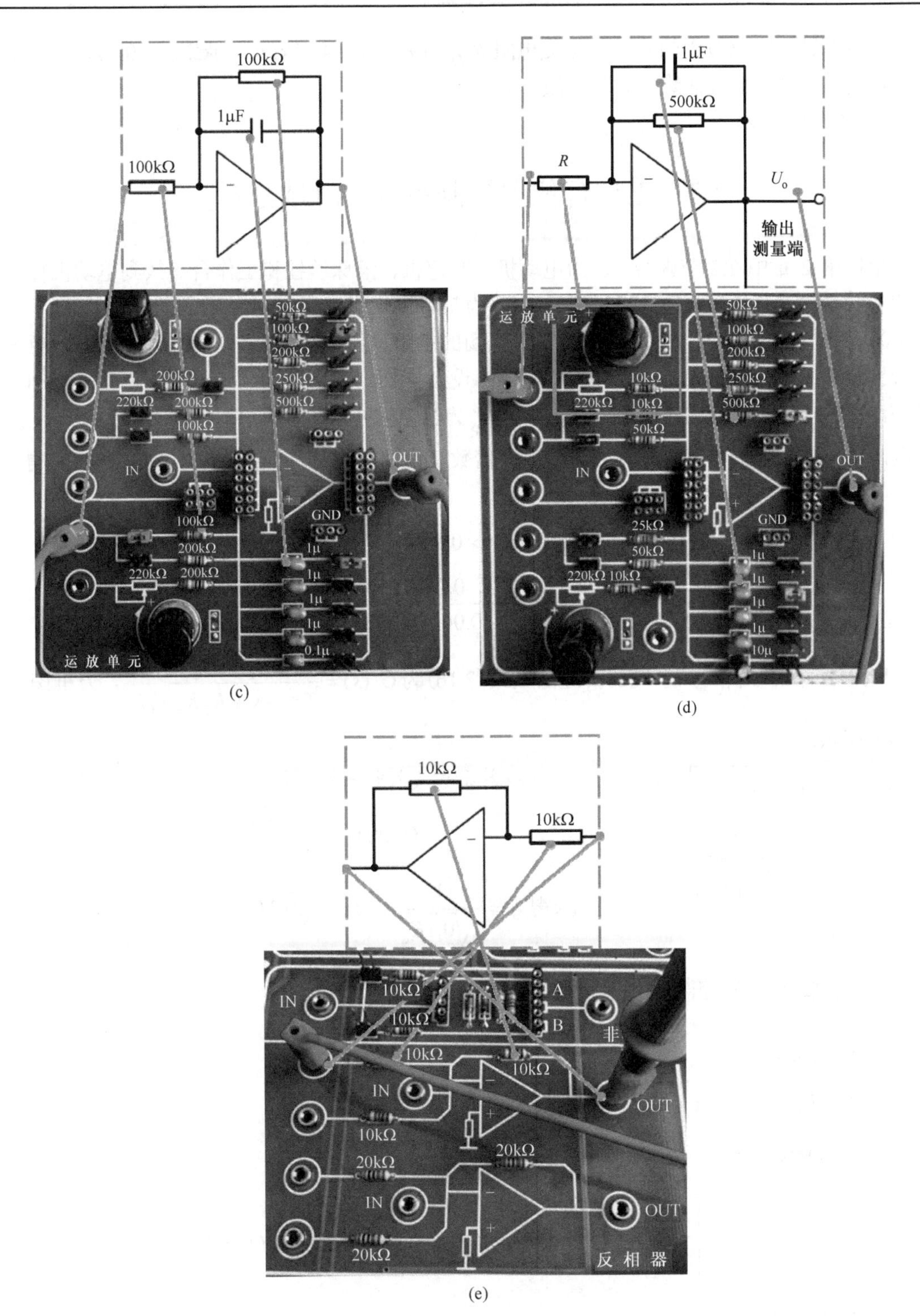

图 3.47　三阶系统的电路连接图

(3) 将方波信号加到环节的输入端 U_i，用示波器的“CH1”和“CH2”表笔分别监测模拟电路的输入 U_i 和输出 U_o，用示波器观察系统响应曲线 $C(t)$，并记录波形。

(4) 调节图 3.47(d) 中的旋转式可变电阻 R_c，分别使 R =41.7kΩ、50kΩ、100kΩ，减小系统开环增益，观察响应曲线，并记录波形。

(5) 填写附表 2。

3.3 工作台位置控制系统的时域分析

根据第 2 章中 2.2 节内容，J 为电动机、减速机、滚珠丝杠和工作台等效到电动机转子上的总转动惯量，设 $J = 0.0125\,\mathrm{kg \cdot m^2}$；$D$ 为折合到电动机转子上的总黏性阻尼系数，设 $D = 0.005\,\mathrm{N \cdot m \cdot s / rad}$；$R_a$ 为电动机转子线圈的电阻，设 $R_a = 4\Omega$；K_T 为电动机的力矩常数，设 $K_T = 0.2\,\mathrm{N \cdot m / A}$；$K_e$ 为反电动势常数，设 $K_e = 0.15\,\mathrm{V \cdot s / rad}$；$i$ 为传动比，设 $i = 4000$；K_g 为功率放大器的放大倍数，设 $K_g = 10$；K_p 为给定转换系数，设 $K_p = 10$；K_f 为反馈转换系数，设 $K_f = 10$；K_q 为前置放大器的放大倍数，设 $K_q = 10$。将这些参数代入式(2.12)得

$$T = \frac{R_a J}{R_a D + K_e K_T} = \frac{4 \times 0.0125}{4 \times 0.005 + 0.15 \times 0.2} = 1$$

$$K = \frac{K_T / i}{R_a D + K_e K_T} = \frac{0.2 \div 4000}{4 \times 0.005 + 0.15 \times 0.2} = 0.001$$

由第 2 章的分析可知系统的传递函数式(2.16)为 $G_b(s) = \dfrac{K_p K_q K_g K}{Ts^2 + s + K_q K_g K_f K}$，方框图如图 3.48 所示。

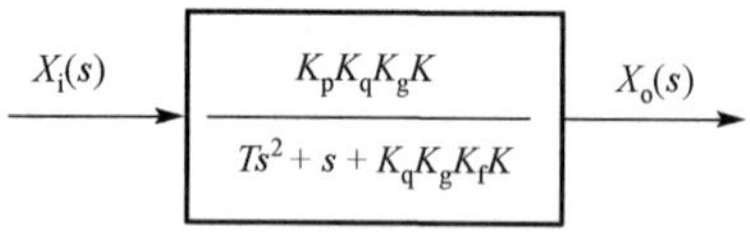

$$X_i(s) \longrightarrow \boxed{\frac{K_p K_q K_g K}{Ts^2 + s + K_q K_g K_f K}} \longrightarrow X_o(s)$$

图 3.48　工作台系统方框图

将各系数代入数学模型得

$$G_b(s) = \frac{0.1K_q}{s^2 + s + 0.1K_q} \tag{3.1}$$

求得 $\xi = \dfrac{1}{2\sqrt{0.1K_q}}$，$\omega_n = \sqrt{0.1K_q}$。

3.3.1 工作台位置控制系统的脉冲响应

1. 输入信号

$x_i(t) = \delta(t)$，则有 $X_i(s) = 1$。

2. 脉冲响应

$$w(t) = L^{-1}\left[\frac{\omega_n}{\sqrt{1-\xi^2}} \cdot \frac{\omega_d}{(s+\xi\omega_n)^2 + \omega_d^2}\right] = \frac{\omega_n}{\sqrt{1-\xi^2}} \exp(-\xi\omega_n t)\sin\omega_d t$$

3. 实验步骤

(1) 信号源选择“阶跃”，将积分开关、微分开关拨至“关”状态，旋转比例系数旋钮至最左端，使比例系数最小，检查无误后打开电源(图 3.49)。

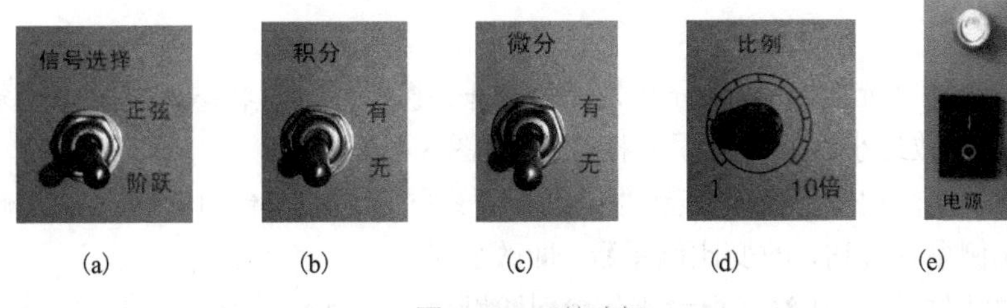

(a)　(b)　(c)　(d)　(e)

图 3.49　开关选择

(2) 迅速拨动指令电位器(图 3.50)的指针至“0.10”并返回“0.00”，观察工作台对脉冲信号的响应。

(3) 旋转比例系数旋钮，改变比例系数，即改变系统的固有频率和阻尼比，观察并记录工作台对脉冲信号响应的变化。

(4) 当指令电位器拨动位置分别为“0.20”“0.30”时，重复步骤(2)、(3)，观察并记录输入信号对系统响应的影响。

4. 时域响应

工作台位置控制系统对脉冲输入信号的理想响应曲线如图 3.51 所示。

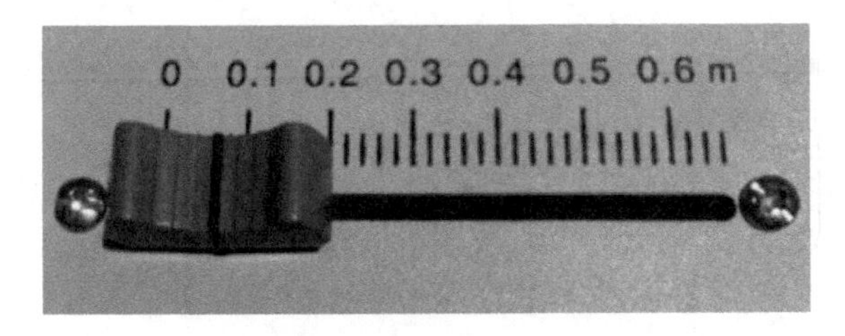

图 3.50　指令电位器

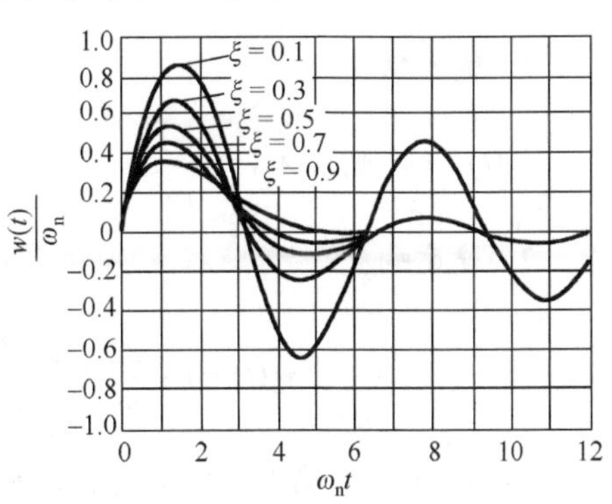

图 3.51　工作台位置控制系统理论脉冲响应

3.3.2　工作台位置控制系统的阶跃响应

1. 输入信号

$x_i(t)=u(t)$，则有 $X_i(s)=\dfrac{1}{s}$。

2. 阶跃响应

$$x_o(t)=1-\exp(-\xi\omega_n t)\cos\omega_d t-\frac{\xi}{\sqrt{1-\xi^2}}\exp(-\xi\omega_n t)\sin\omega_d t$$

也可写成：

$$x_o(t)=1-\frac{e^{-\xi\omega_n t}}{\sqrt{1-\xi^2}}\sin\left(\omega_d t+\arctan\frac{\sqrt{1-\xi^2}}{\xi}\right)$$

3. 实验步骤

(1) 信号源选择“阶跃”，将积分开关、微分开关拨至“关”状态，旋转比例系数旋钮至最左端，使比例系数最小，检查无误后打开电源(图 3.49)。

(2) 迅速拨动指令电位器的指针至“0.10”，观察并记录工作台对阶跃信号的响应。

(3) 旋转比例系数旋钮，改变比例系数，即改变系统的固有频率和阻尼比，观察并记录工作台对阶跃信号响应的变化。

(4) 当指令电位器拨动位置分别为“0.20”“0.30”时，重复步骤(2)、(3)，观察并记录输入信号对系统响应的影响。

4. 时域响应

工作台位置控制系统对阶跃输入信号的理想响应曲线如图 3.52 所示。

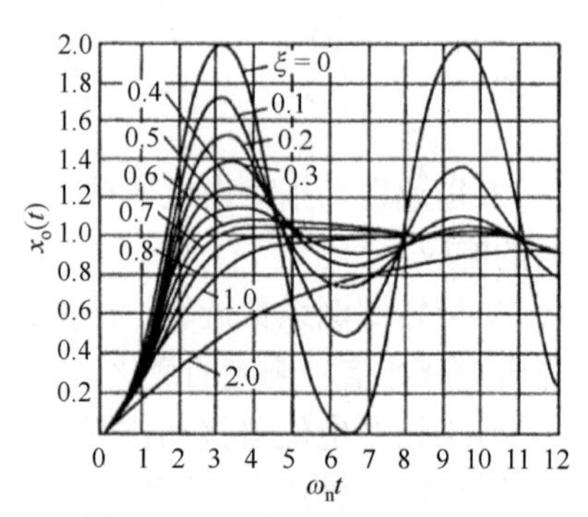

图 3.52　工作台位置控制系统的理论阶跃响应

3.3.3　工作台位置控制系统的斜坡响应

1. 输入信号

$x_i(t)=t$，则有 $X_i(s)=\dfrac{1}{s^2}$。

2. 速度响应

$$x_o(t)=t-\frac{2\xi}{\omega_n}+\frac{e^{-\xi\omega_n t}}{\omega_d}\sin\left(\omega_d t+\arctan\frac{2\xi\sqrt{1-\xi^2}}{2\xi^2-1}\right) \tag{3.2}$$

当 $t\to\infty$ 时，输入与输出间的偏差为

$$e(\infty)=\lim_{t\to\infty}\left[x_i(t)-x_o(t)\right]=\frac{2\xi}{\omega_n}$$

3. 实验步骤

(1) 信号源选择“阶跃”，将积分开关、微分开关拨至“关”状态，旋转比例系数旋钮至最左端，使比例系数最小，检查无误后打开电源(图 3.49)。

(2) 匀速拨动指令电位器的指针至最大值，观察并记录工作台对斜坡信号的响应。

(3) 旋转比例系数旋钮，改变比例系数，即改变系统的固有频率和阻尼比，观察工作台对斜坡信号响应的变化。

(4) 改变拨动指令电位器的速度至原速度的 2 倍，重复步骤(2)、(3)，观察并记录输入信号对系统响应的影响。

(5) 完成实验后，将信号源选择开关拨至“阶跃”，位置指令电位器的指针拨至“0”，旋转比例系数旋钮至最左端，使比例系数最小，旋转频率旋钮至最左端，使正弦波信号频率最小。检查无误后关闭电源。

4. 时域响应

工作台位置控制系统对斜坡输入信号的理想响应曲线如图 3.53 所示。

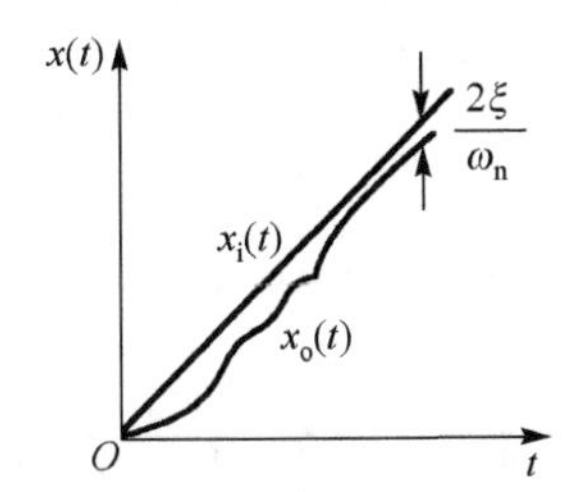

图 3.53　工作台位置控制系统对斜坡信号的响应曲线

3.4　虚拟实验/机械工程控制系统的时域分析

3.4.1　实验目的

(1) 观察学习机械工程控制系统的时域分析方法。
(2) 分析时域响应曲线。
(3) 掌握时域响应分析的一般方法。

3.4.2　实验内容

1. 单位阶跃响应

若给定系统的数学模型，则可用 step 函数求取系统的单位阶跃响应。step 函数的调用格式有如下 5 种：

```
step(num, den);
step(num, den, t);
[y, x]=step(num, den);
step(A, B, C, D);
[y, x]=step(A, B, C, D, iu, t);
```

其中，前 3 种用传递函数模型，后 2 种用状态方程模型(现代控制理论的内容)；第 3 种和第 5 种是返回变量格式，不作图，其他为自动作图格式。

例 3.1　已知一阶系统的传递函数为 $G(s)=\dfrac{4}{3s+1}$。使用 MATLAB 绘制系统的单位阶跃响应。

解：在 MATLAB 命令窗(Command Window)依次写入下列程序。

```
>>num = 4;                    %输入传递函数分子多项式
>>den = [3, 1];               %输入传递函数分母多项式
>>step(num, den)              %绘制单位阶跃响应曲线
```

运行结果如图 3.54 所示，系统的稳态值与传递函数分子的系数相等(只有当传递函数分母的常系数为 1 时，这种情况才成立)。

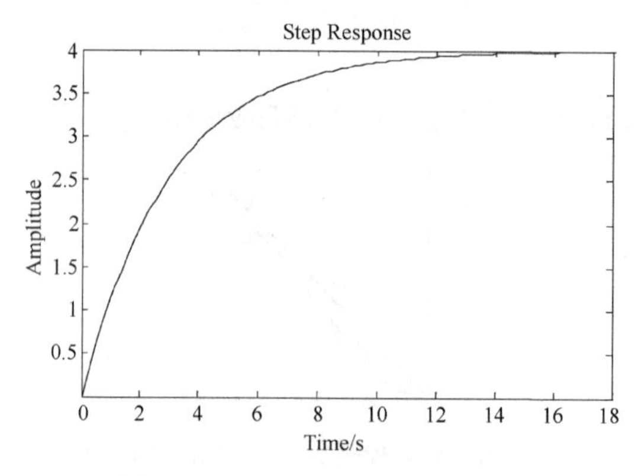

图 3.54　例 3.1 系统单位阶跃响应

例 3.2　已知系统传递函数为$G(s)=\dfrac{36}{s^2+3s+36}$。使用 MATLAB 绘制系统 t 在 8s 内的单位阶跃响应。

解： 在 MATLAB 命令窗(Command Window)依次写入下列程序。

```
>>num =36;                          %输入传递函数分子多项式
>>den = [1, 3, 36];                 %输入传递函数分母多项式
>>t = 0: 0.05: 8;                   %设定绘制时间 8s
>>step(num, den, t)                 %绘制单位阶跃响应曲线
```

运行结果如图 3.55 所示。

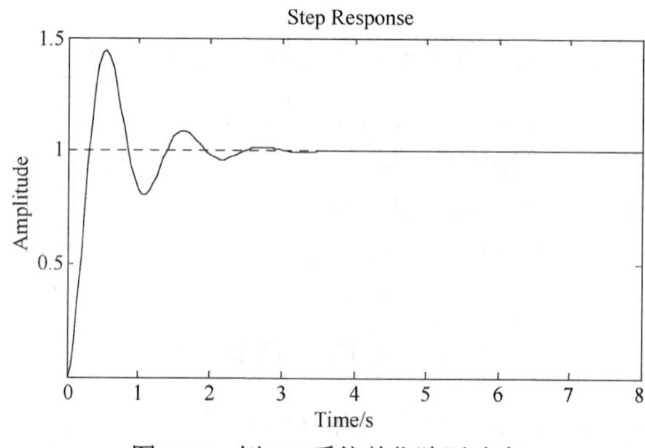

图 3.55　例 3.2 系统单位阶跃响应

2. 单位脉冲响应

若给定系统的数学模型，则可用 impulse 函数求取系统的单位脉冲响应。impulse 函数的调用格式有如下 5 种：

```
impulse(num, den);
impulse(num, den, t);
[y, x]=impulse(num, den);
impulse(A, B, C, D);
[y, x]=impulse(A, B, C, D, iu, t);
```

其中，前 3 种用传递函数模型，后 2 种用状态方程模型(现代控制理论的内容)；第 3 种和第 5 种是返回变量格式，不作图，其他为自动作图格式。

例 3.3　已知一阶系统的传递函数为 $G(s)=\dfrac{4}{s^2+0.5s+4}$。使用 MATLAB 绘制系统的单位脉冲响应。

解：在 MATLAB 命令窗(Command Window)依次写入下列程序。

```
>>num = 4;                    %输入传递函数分子多项式
>>den = [1, 0.5, 4];          %输入传递函数分母多项式
>>impulse(num, den)           %绘制单位脉冲响应曲线
```

运行结果如图 3.56 所示。

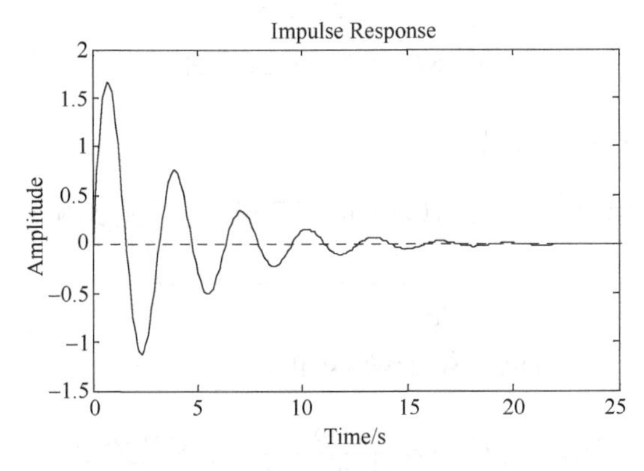

图 3.56　例 3.3 系统单位脉冲响应

3. 任意输入信号的时域响应曲线的绘制

若给定系统的数学模型，求任意输入信号时的系统时间响应，则可用 lsim，其调用格式为

```
lsim(num, den, u, t);
[y, x]= lsim(num, den, u, t);
```

其中，u 为任意输入变量向量。

例 3.4　已知系统传递函数为 $G(s)=\dfrac{36}{s^2+3s+36}$。试求当输入信号为 u=sin3t 时系统的响应曲线。

解：在 MATLAB 命令窗(Command Window)依次写入下列程序。

```
>>num =36;                %输入传递函数分子多项式
>>den = [1, 3, 36];       %输入传递函数分母多项式
>>t = 0: 0.01: 10;        %设定绘制时间 10s
>>u = sin(3*t);           %设定系统输入
>>lsim(num,den, u, t)         %绘制响应曲线
```

运行结果如图 3.57 所示。其中，粗线为系统响应曲线，细线为 u。

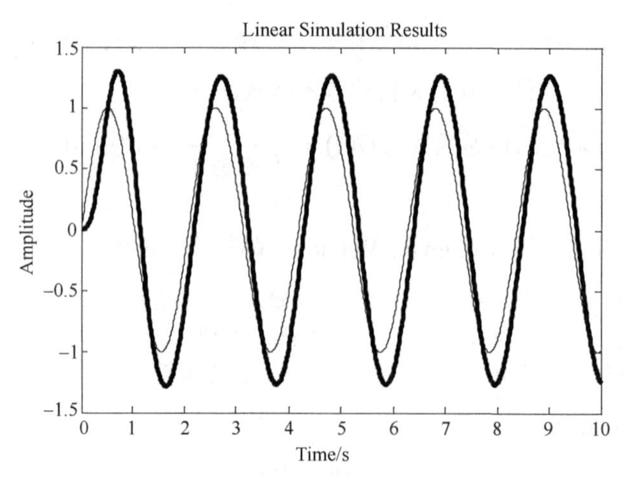

图 3.57　例 3.4 系统响应曲线

4. 时域性能参数的分析与计算

若给定系统的数学模型，可以计算系统的闭环极点、阻尼比和无阻尼固有频率等性能参数，其调用格式为

```
damp(den);
[ωn ,ξ ]=damp(p);
```

例 3.5　已知系统传递函数为 $G(s)=\dfrac{36}{s^2+3s+36}$。求系统的阻尼比、无阻尼固有频率和闭环极点。

解：在 MATLAB 命令窗(Command Window)依次写入下列程序。

```
>>den = [1, 3, 36]; %输入传递函数分母多项式
>>damp(den)          %求出性能参数
```

运行结果：

```
        Eigenvalue              Damping       Freq. (rad/s)
 -1.50e+000 + 5.81e+000i     2.50e-001      6.00e+000
 -1.50e+000 - 5.81e+000i     2.50e-001      6.00e+000
```

可见，系统闭环极点为 $p_1=-1.5+5.81\mathrm{j}$，$p_2=-1.5-5.81\mathrm{j}$；阻尼比 $\xi=0.25$；无阻尼固有频率 $\omega_n=6$ rad/s。

例 3.6　已知二阶系统的极点 $p=-0.5\pm0.8\mathrm{j}$。求系统的阻尼比和无阻尼固有频率。

解：在 MATLAB 命令窗(Command Window)依次写入下列程序。

```
>>p = [-0.5+0.8j, -0.5-0.8j];    %输入系统极点
>>[omegan, xi]=damp(p)          %求出性能参数
```

运行结果：

```
omegan =
     1
```

```
xi =
  -0.4382
```

可见，系统阻尼比 $\xi = -0.4382$；无阻尼固有频率 $\omega_{\mathrm{n}} = 1\ \mathrm{rad/s}$。

3.5 思 考 题

1．实际系统的时域响应与理论是否完全一致？产生不一致的原因有哪些？

2．系统参数是怎样影响系统性能的？

3．输入信号对系统的时域响应有什么样的影响？

4．开环增益对系统的时域响应有什么样的影响？

5．MATLAB 实验练习：

(1) 已知下列系统传递函数。使用 MATLAB 绘制系统的单位阶跃响应和单位脉冲响应。

① $G(s) = \dfrac{3}{4s+1}$；

② $G(s) = \dfrac{9}{s^2+s+9}$。

(2) 已知系统传递函数为 $G(s) = \dfrac{25}{s^2+0.5s+25}$。使用 MATLAB 绘制系统 t 在 5s 内的单位阶跃响应。

(3) 已知系统传递函数为 $G(s) = \dfrac{16}{s^2+0.2s+16}$。试求当输入信号为 $u = \sin 3t$ 时系统的响应曲线，并求该系统的阻尼比、无阻尼固有频率和闭环极点。

第 4 章　线性系统的频域分析方法

4.1　引　　言

时域分析方法虽然直观，但在不借助计算机时，分析高阶系统非常困难。因此，工程中广泛采用频域分析方法将传递函数从复数域引到具有明确物理概念的频率域进行分析。频率特性分析可建立起系统的时间响应与其频谱之间的直接关系，特别适合于机械工程系统动态特性的研究。

当某一线性系统的输入信号为正弦信号时，该系统的时间响应稳态部分也是正弦信号，其频率与输入信号的频率相同；其输出信号的相位一般滞后于输入信号的相位。当输入信号的幅值保持不变而频率发生变化时，输出信号的幅值和相位一般都随着输入信号频率的变化而变化。系统对谐波输入的稳态响应随输入信号的频率而变化的特性称为系统的频率响应。即当输入正弦信号时，线性系统的稳态响应具有随频率(ω 由 0 变至∞)而变化的特性。

输出信号对输入信号的幅值比称为系统的幅频特性，它描述了在稳态情况下，当系统输入不同频率的谐波信号时，其幅值衰减或增大的特性。输出信号与输入信号的相位差称为系统的相频特性，它描述了在稳态情况下，当系统输入不同频率的谐波信号时，其相位产生超前或滞后的特性。幅频特性和相频特性总称为系统的频率特性。

系统的输入信号可以用傅里叶级数展开为连续的频谱函数，因此根据控制系统对正弦输入信号的响应，可推算出系统在任意周期信号或非周期信号作用下的运动情况。

本章实验的主要内容为观察和绘制系统对正弦波输入信号的频率响应，并对系统性能及改善系统性能的方法进行分析。

实验目的：掌握系统频率特性测量的一般方法。

实验内容：

(1)实验法测量 Bode(伯德)图。

(2)工作台位置控制系统的频域响应实验。

(3)用 MATLAB 工具进行频域分析实验。

实验要求：掌握系统的频域分析方法，掌握实验法测量 Bode 图的方法，了解参数变化对系统动态特性的影响。

4.2　模拟电路的 Bode 图测量实验

本次实验利用教学实验系统提供的频率特性测试虚拟仪器进行测试，画出对象的 Bode 图和 Nyquist 图。

1. 实验对象的结构框图

实验对象的结构框图如图 4.1 所示。

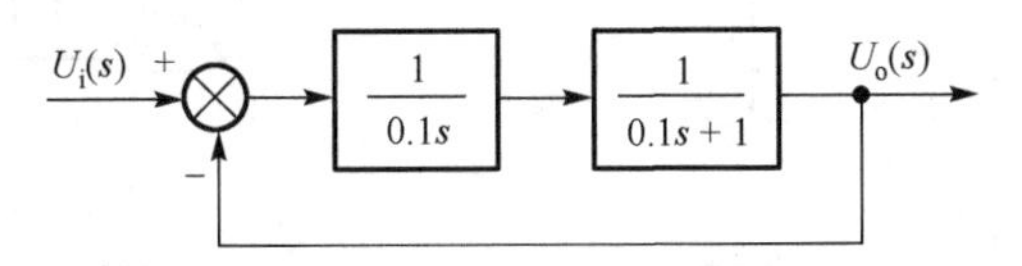

图 4.1　实验对象的结构框图

2. 模拟电路图

模拟电路图如图 4.2 所示。

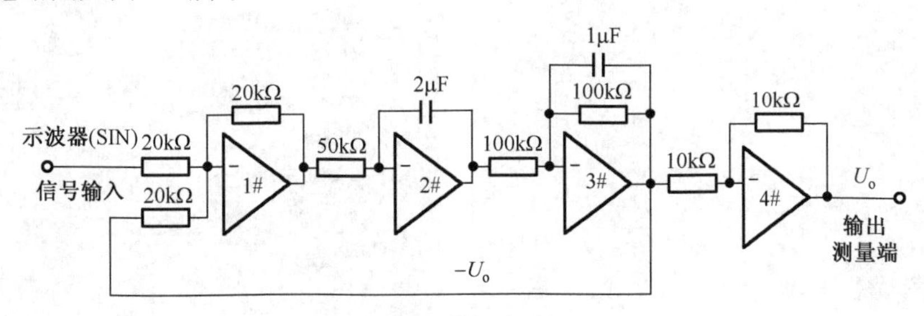

图 4.2　模拟电路图

系统的开环传递函数为

$$G(s)=\frac{1}{0.1s(0.1s+1)}$$

系统的闭环传递函数为

$$G(s)=\frac{1}{0.01s^2+0.1s+1}=\frac{100}{s^2+10s+100}$$

可得转折频率 $\omega=10\,\text{rad/s}$，阻尼比 $\xi=0.5$。

3. 实验步骤

(1) 打开计算机，运行虚拟仪器软件 TD-OSC.exe。

(2) 将信号源单元的“ST”端插针与“S”端插针和“+5V”插针断开(图 4.3)，将示波器单元的“SIN”接至 1#放大器的输入端(图 4.4)。

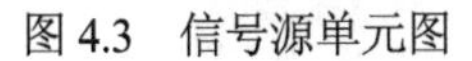

图 4.3　信号源单元图

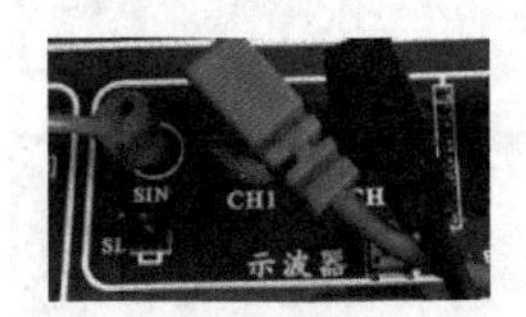

图 4.4　示波器连接单元图

(3) 根据模拟电路，用短路块和连接线连接实验电路，如图 4.5 所示，其中 μ 代表 μF。检查无误后打开实验箱电源。

(4) 将“CH1”路表笔插至 4#运放的输出端。

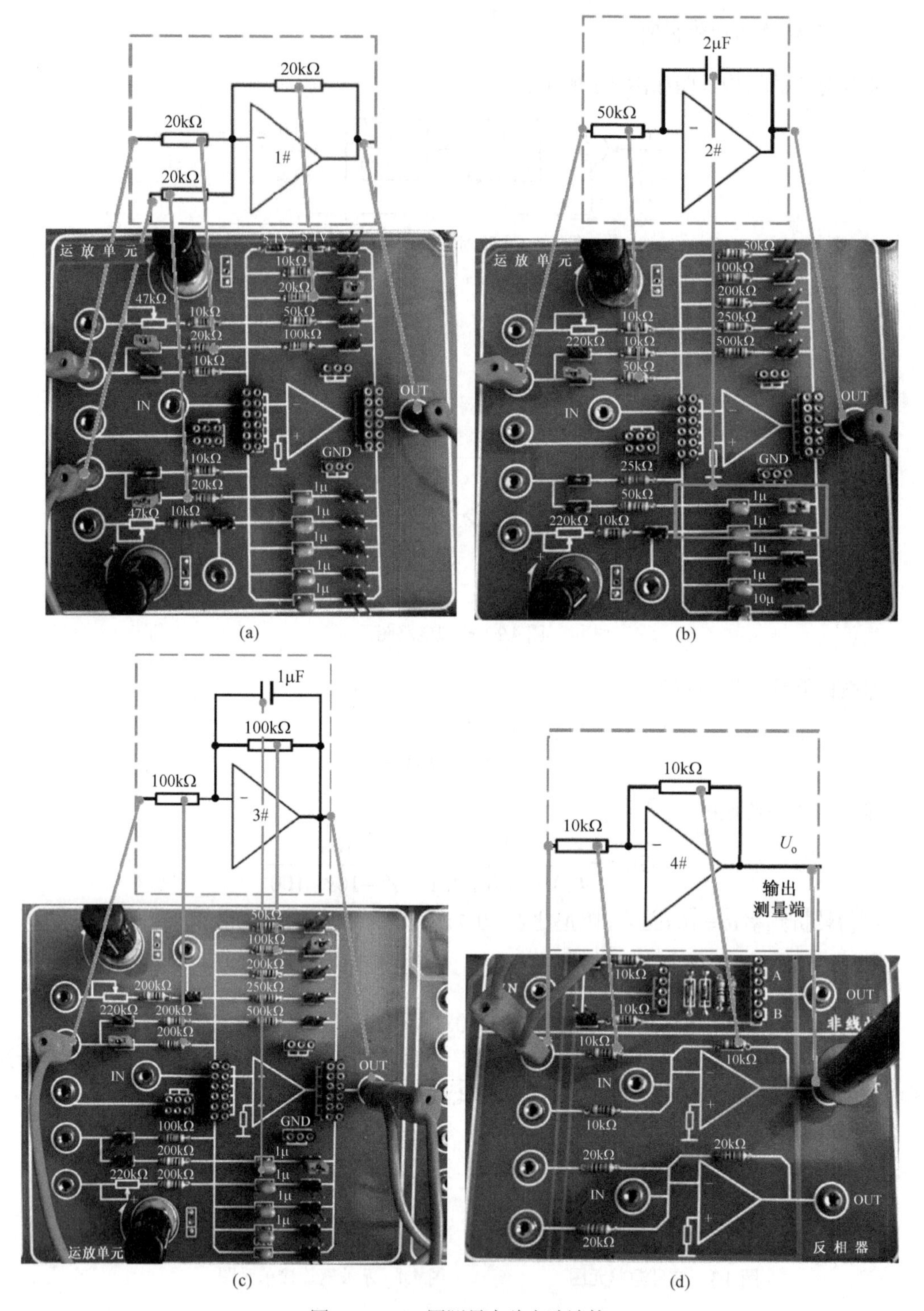

图 4.5　Bode 图测量实验电路连接

(5) 在软件窗口(图 4.6)根据需要设置几组正弦波信号的角频率和幅值，选择测量方式为“直接”测量。

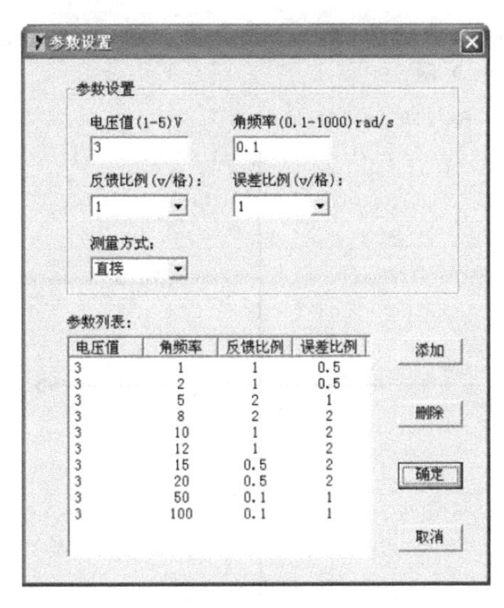

图 4.6　参数选择

(6) 确认设置的各项参数后，单击“发送”按钮，发送一组参数，待测试完毕，显示时域波形，移动鼠标将两路游标同时放置在两路信号相邻的波峰(波谷)点处，来确定两路信号的相位移。系统将自动读出两路信号的幅值。

(7) 重复操作步骤(6)，直到所有参数测量完毕。

(8) 待所有参数测量完毕后，单击“Bode 图画图”按钮，弹出 Bode 图窗口，观察所测得的 Bode 图(图 4.7)，该图由若干点构成，在幅频和相频上同一角频率下两个点对应一组参数下的测量结果。单击“极坐标图画图”按钮，可以得到对象的闭环极坐标图(图 4.8)。

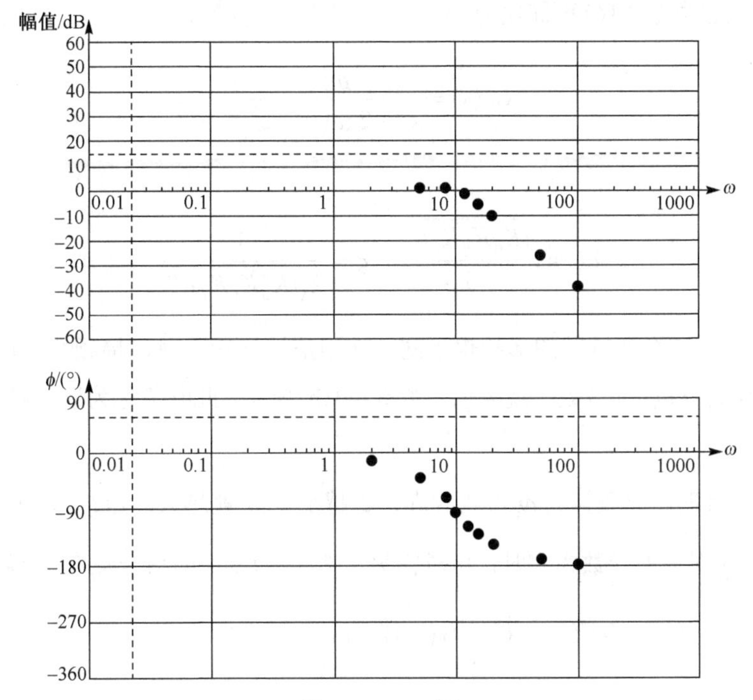

图 4.7　Bode 图

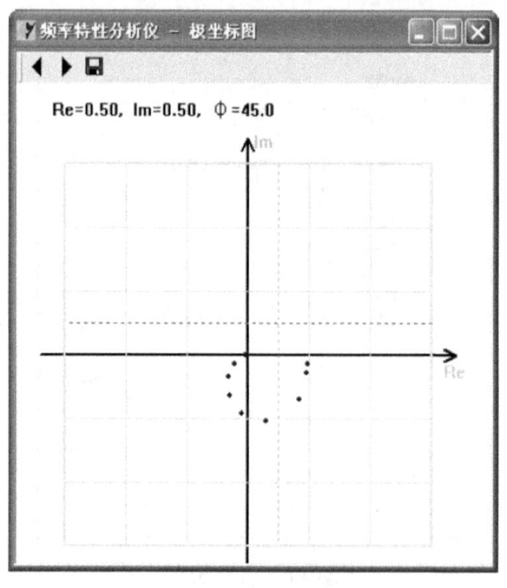

图 4.8　极坐标图

4.3　工作台位置控制系统的正弦信号响应

由第 2 章的分析可知工作台位置控制系统的闭环传递函数式(2.16)为

$$G_b(s)=\frac{K_p K_q K_g K}{Ts^2+s+K_q K_g K_f K}$$

常取 $K_p=K_f$，此时式(2.16)可简化为

$$G_b(s)=\frac{\omega_n^2}{s^2+2\xi\omega_n s+\omega_n^2}$$

其中，

$$\omega_n=\sqrt{\frac{K_q K_g K_f K}{T}},\quad \xi=\frac{1}{2\sqrt{K_q K_g K_f KT}}$$

ξ 取值不同，奈奎斯特图的形状也不同。在阻尼比 ξ 较小时，幅频特性 $\left|G(\mathrm{j}\omega)\right|$ 在频率为 ω_r（或频率比 $\lambda_r=\omega_r/\omega_n$）处出现峰值，如图 4.9(b)所示。此峰值称为谐振峰值，频率 ω_r 称为谐振频率。

当 $\frac{\sqrt{2}}{2}\leqslant\xi<1$ 时，一般认为 ω_r 不再存在；ξ 越小，ω_r 就越大；当 $\xi=0$ 时，$\omega_r=\omega_n$。其实，在令 $\left|G(\mathrm{j}\omega)\right|$ 对 λ 的导数为零时，可求得另一 λ_r 值为零，即另一 ω_r 值为零，故也可认为当 $\frac{\sqrt{2}}{2}\leqslant\xi<1$ 时，有 $\lambda_r=0$ 或 $\omega_r=0$，$\left|G(\mathrm{j}\omega)\right|=1$。

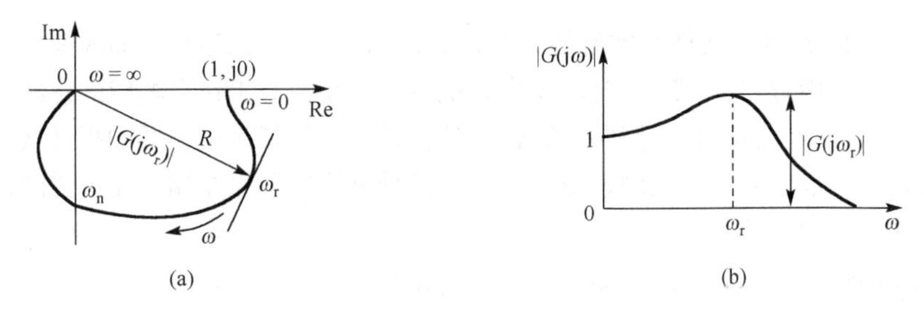

图 4.9　振荡环节的极坐标图与幅频特性图

1. 实验目的

观察工作台对正弦输入信号的响应，理解频率响应的相关概念，体会阻尼比对谐振频率的影响。

2. 系统结构方框图

工作台系统结构方框图如图 4.10 所示。

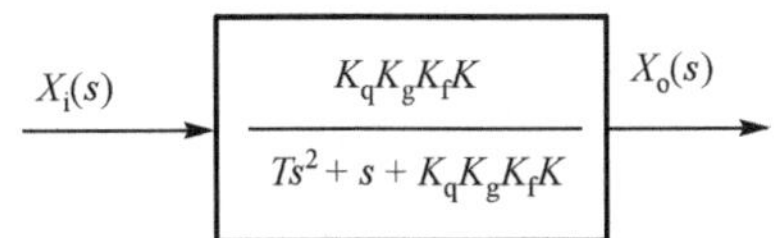

图 4.10　工作台系统方框图

3. 频率特性

幅频特性：$|G(j\omega)|=\dfrac{1}{\sqrt{(1-\lambda^2)^2+4\xi^2\lambda^2}}$。

相频特性：$\angle G(j\omega)=-\arctan\dfrac{2\xi\lambda}{1-\lambda^2}$。

4. 实验步骤

(1) 信号源选择“阶跃”，将积分开关、微分开关拨至“关”状态，旋转比例系数旋钮至最左端，使比例系数最小，旋转频率旋钮至最左端，使将要输入的正弦波信号的频率最小。检查无误后打开电源(图 4.11)。

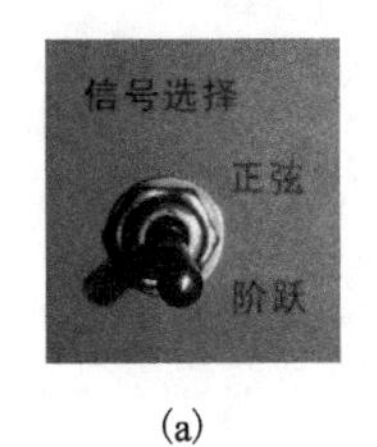

(a)

(b)

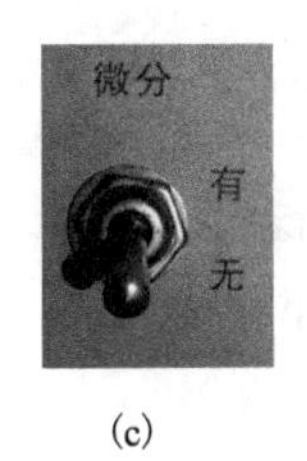

(c)

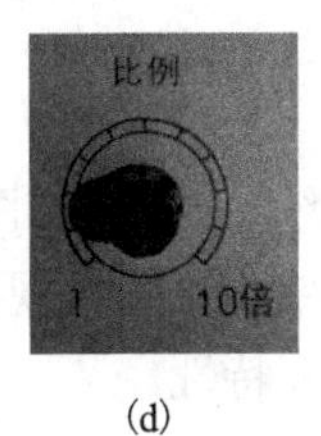

(d)

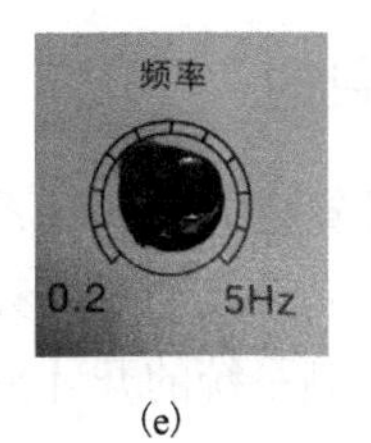

(e)

(f)

图 4.11　开关选择

(2) 根据第 3 章中的知识调整比例系数，使系统有较快的响应。

(3) 拨动指令电位器的指针至“0.30”，待工作台稳定后，拨动信号源选择开关至“正弦”(图 4.11(a))，观察并记录工作台对正弦信号的响应。

(4) 分 10～20 次旋转频率旋钮(图 4.11(e))，使输入信号频率从 0.2 Hz 升至 0.5Hz，每次旋转频率旋钮后稍作停顿，观察并记录工作台对该频率正弦输入信号的响应。

(5) 拨动信号源选择开关至“阶跃”，等待工作台稳定。

(6) 分 10～20 次旋转比例系数旋钮 (图 4.11 (d))，改变比例系数，即改变系统的固有频率和阻尼比，重复步骤 (3)～步骤 (5)，观察并记录比例系数对工作台响应的影响。

(7) 完成实验后，将信号源选择开关拨至"阶跃"，位置指令电位器的指针拨至"0"，旋转比例系数旋钮至最左端，使比例系数最小，旋转频率旋钮至最左端，使正弦波信号频率最小。检查无误后关闭电源。

5. 频域响应

工作台位置控制系统的理想频率特性曲线如图 4.12 和图 4.13 所示。

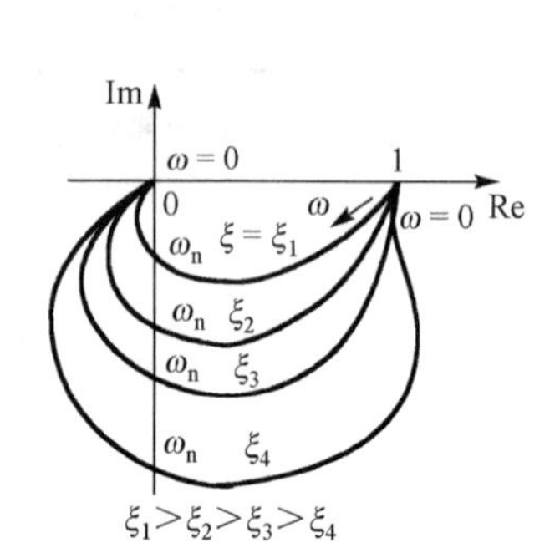

图 4.12　ξ 不同时振荡环节的极坐标图

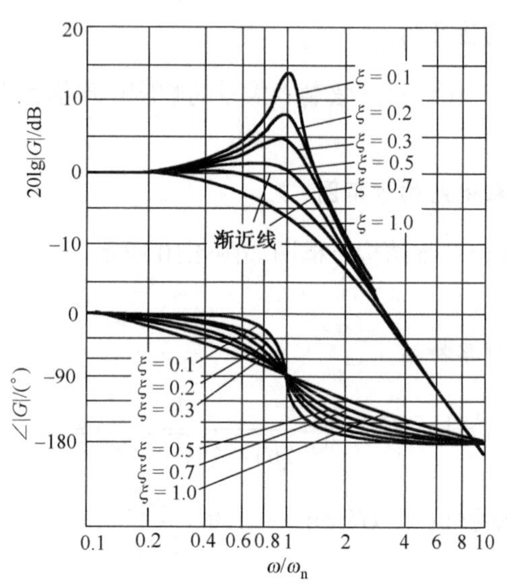

图 4.13　振荡环节的对数坐标图

4.4　虚拟实验/机械工程控制系统的频域分析

4.4.1　实验目的

(1) 利用计算机完成开环系统的 Nyquist 图和 Bode 图。

(2) 分析控制系统的开环频率特性图的规律和特点。

(3) 分析控制系统的开环频率特性。

4.4.2　实验内容

1. Nyquist 图的绘制与分析

在 MATLAB 中绘制系统的 Nyquist 图的函数调用格式为

```
nyquist(num, den);
nyquist(num, den, w);
[Re, Im]=nyquist(num, den);
```

例 4.1　已知系统的开环传递函数为

$$G(s)=\frac{2s+1}{s^3+s^2+5s+2}$$

试绘制 Nyquist 图，并判断系统的稳定性。

解：在 MATLAB 命令窗(Command Window)写入下列程序。

```
>>num=[2 1];                        %给定分子向量
>>den=[1 1 5 2];                    %给定分母向量
>>[z, p, k]=tf2zp(num, den); p      %求出极点值，从而判断其稳定性
>>nyquist(num, den)                 %绘制 Nyquist 图
```

运行结果：

```
p =
  -0.2898 + 2.1616i
  -0.2898 - 2.1616i
  -0.4205
```

3 个极点 p 的实部全为负数，所以开环系统稳定。此外，从图 4.14 也可看出，Nyquist 曲线没有逆时针包围(–1, j0)点，所以闭环系统稳定。

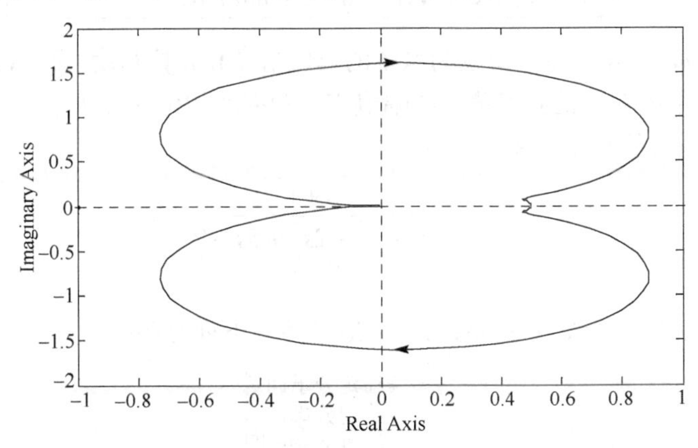

图 4.14　例 4.1 的 Nyquist 图

例 4.2　已知系统的开环传递函数为

$$G(s)=\frac{2s+1}{s^3+s^2+5s+2}$$

试绘制 ω 为 1～5 的 Nyquist 图。

解：在 MATLAB 命令窗(Command Window)写入下列程序。

```
>>num=[2 1];                        %给定分子向量
>>den=[1 1 5 2];                    %给定分母向量
>>w=1:0.01:5;                       %给定ω的范围
>>nyquist(num, den, w)              %绘制 Nyquist 图
```

运行结果如图 4.15 所示。

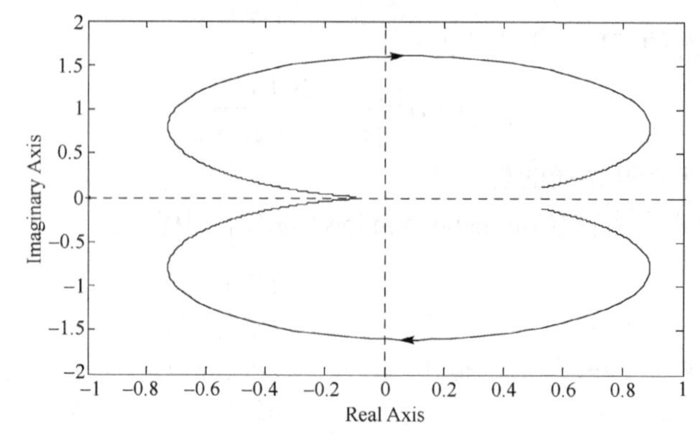

图 4.15　例 4.2 的 Nyquist 图

2. Bode 图的绘制与分析

MATLAB 中绘制系统的 Bode 图和求幅值裕度与相位裕度的函数调用格式为

```
bode(num, den);
bode(num, den, w);
[Gm, Pm, Wcg, Wcp]=margin(num, den);
```

其中，w 表示频率 ω；Gm 和 Pm 分别为系统的幅值裕度和相位裕度，而 Wcg 和 Wcp 分别为幅值裕度和相位裕度处对应的频率值，即幅值交界频率和相位交界频率。

例 4.3　已知系统的开环传递函数为

$$G(s)=\frac{s+1}{s^4+s^3+2s^2+5s+2}$$

试绘制 Bode 图。

解：在 MATLAB 命令窗(Command Window)写入下列程序：

```
>>num=[1 1];                %给定分子向量
>>den=[1 1 2 5 2];          %给定分母向量
>>bode(num, den)            %绘制 Bode 图
```

运行结果如图 4.16 所示。

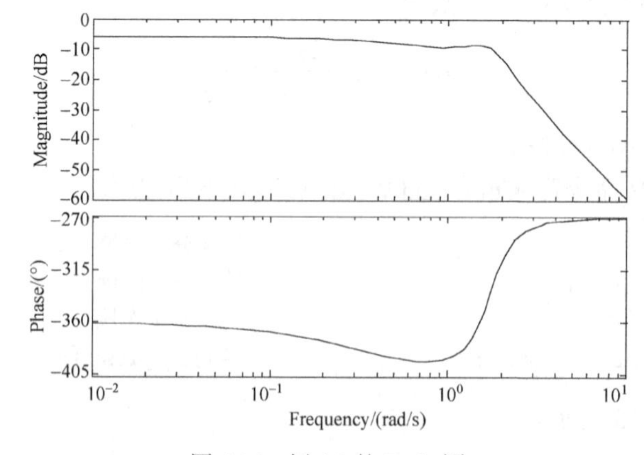

图 4.16　例 4.3 的 Bode 图

例 4.4　已知单位负反馈系统的开环传递函数为

$$G(s)=\frac{2}{s^3+2s^2+5s}$$

试求系统的稳定裕度。

解：在 MATLAB 命令窗(Command Window)写入下列程序：

```
>>num=[2];                                   %给定分子向量
>>den=[1 2 5 0];                             %给定分母向量
>>[Gm, Pm, Wcg, Wcp]=margin(num, den)         %求幅值裕度，相位裕度，幅值交
                                              界频率和相位交界频率
```

运行结果：

```
Gm =
    5.0000

Pm =
   80.4164

Wcg =
    2.2361

Wcp =
    0.4080
```

可见，该系统的幅值裕度为 5，相位裕度为 80.41°，幅值交界频率为 2.24rad/s，相位交界频率为 0.41rad/s。

另外，还可以先作 Bode 图，再在图上标注幅值裕度和对应的幅值交界频率，以及相位裕度和对应的相位交界频率，其函数调用格式为

margin(num, den);

在 MATLAB 命令窗(Command Window)写入下列程序：

```
>>num=[2];              %给定分子向量
>>den=[1 2 5 0];        %给定分母向量
>>margin(num, den)      %在图上标出幅值裕度，相位裕度，幅值交界频率和相位交界频率
```

运行结果如图 4.17 所示，图中标出了幅值裕度、相位裕度，幅值交界频率和相位交界频率，其中幅值裕度是用分贝表示的，即 $20\lg 5=14\ \text{dB}$。

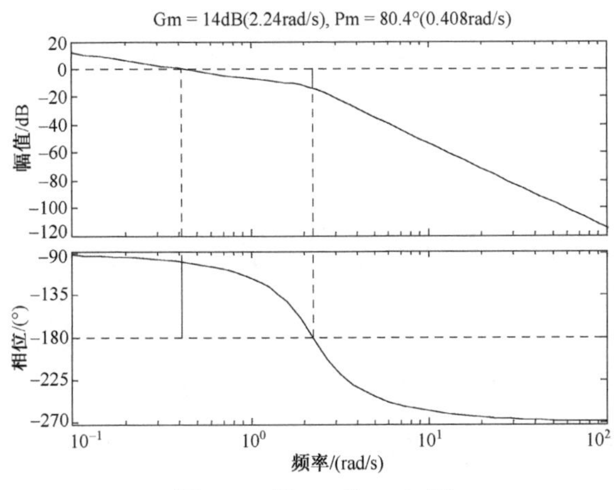

图 4.17　例 4.4 的 Bode 图

4.5 思考题

1．实验中是否存在测量误差？如何提高测量精度？

2．MATLAB 实验练习：

(1) 试绘制具有下列传递函数的各系统的 Nyquist 图和 Bode 图。

① $G(s)=\dfrac{1}{1+0.01s}$；

② $G(s)=\dfrac{1}{s(1+0.1s)}$；

③ $G(s)=\dfrac{1}{1+0.1s+0.01s^2}$；

④ $G(s)=\dfrac{1}{s(0.1s+1)(0.5s+1)}$；

⑤ $G(s)=\dfrac{50(0.6s+1)}{s^2(4s+1)}$。

(2) 已知系统的开环传递函数为

$$G(s)=\frac{s+2}{s^3+3s+2}$$

试绘制 ω 为 0.1～5 的 Nyquist 图。

(3) 已知下列单位负反馈系统的开环传递函数，试求系统的稳定裕度。

① $G(s)=\dfrac{1}{1-0.2s}$；

② $G(s)=\dfrac{2.5(s+10)}{s^2(0.2s+1)}$；

③ $G(s)=\dfrac{10(0.02s+1)(s+1)}{s(s^2+4s+100)}$。

第 5 章　线性系统的根轨迹分析方法

5.1　引　　言

根轨迹是指闭环系统特征根随着开环增益变化的轨迹，即闭环极点随开环某一参数变化在复平面上移动而形成的曲线。系统特性主要取决于其特征根在复平面上的分布，所以可以通过根轨迹研究系统特性随参数(主要为开环增益)变化而变化的规律。通过根轨迹分析系统性能随开环增益变化的规律的方法称为根轨迹法。简单的增益调整可以将闭环极点移动到需要的位置，在对某些系统的设计过程中，可利用此方法将复杂问题转化为选择合适增益值的简单问题。

本章实验的主要内容为观察和绘制系统的根轨迹，并分析开环增益对系统性能的影响。

实验目的：掌握系统的根轨迹分析基本方法。

实验内容：

(1) 根据对象的开环传递函数绘制根轨迹。

(2) 根据根轨迹分析系统的稳定性。

(3) 用 MATLAB 工具进行根轨迹分析实验。

实验要求：掌握系统的根轨迹分析方法，能够根据根轨迹分析系统的时域性能，了解参数变化对系统动态特性的影响。

5.2　线性系统的根轨迹分析

1. 实验对象的结构方框图

实验对象的结构方框图如图 5.1 所示。

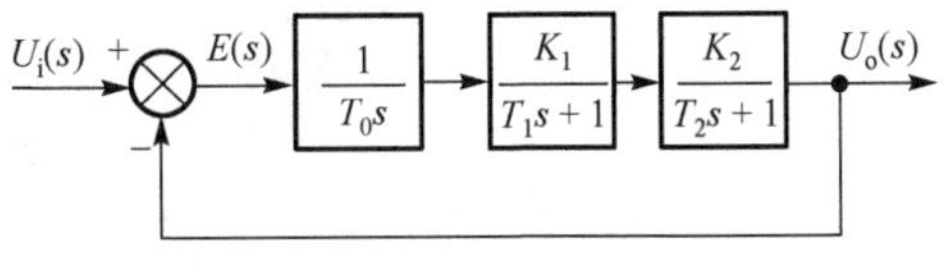

图 5.1　结构方框图

2. 模拟电路的构成

模拟电路如图 5.2 所示。

系统的开环增益为 $K=500\text{k}\Omega/R$，开环传递函数为 $G(s)=\dfrac{K}{s(s+1)(0.5s+1)}$。

3. 绘制根轨迹

(1) 由于开环传递函数分母多项式 $s(s+1)(0.5s+1)$ 中的最高阶次 $n=3$，故根轨迹分支数为 3。开环有三个极点：$p_1=0$，$p_2=-1$，$p_3=-2$。

(2) 实轴上的根轨迹：①起始于 0、−1、−2，其中−2 终止于无穷远处；②起始于0 和−1 的两条根轨迹在实轴上相遇后分离，分离点为

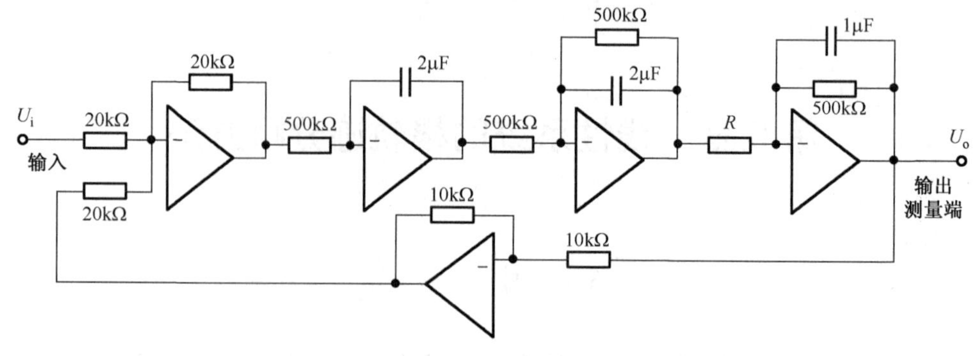

图 5.2　模拟电路

$$\frac{\mathrm{d}\left[s(s+1)(0.5s+1)\right]}{\mathrm{d}s}=1.5s^2+3s+1=0\rightarrow\begin{cases}s_1=-0.422\\s_2=-1.578\end{cases}$$

显然 s_2 不在根轨迹上，所以 s_1 为系统的分离点，将 $s_1=-0.422$ 代入特征方程 $s(s+1)(0.5s+1)+K$ 中，得到 $K=0.193$。

(3) 根轨迹与虚轴的交点：将 $s=\mathrm{j}\omega$ 代入特征方程可得

$$\mathrm{j}(2\omega-\omega^3)+2K-3\omega^2=0$$

则有

$$\begin{cases}2\omega-\omega^3=0\\2K-3\omega^2=0\end{cases}\rightarrow K=3,\quad \omega=\pm\sqrt{2}$$

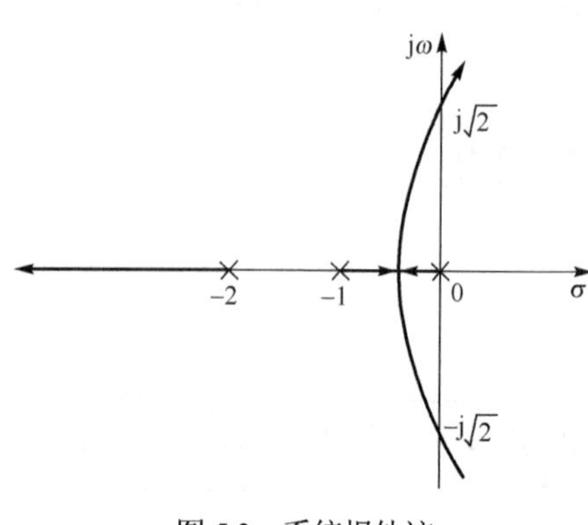

图 5.3　系统根轨迹

根据以上计算，将这些数值标注在 S 平面上，并连成光滑的粗实线，如图 5.3 所示。图上的粗实线就称为该系统的根轨迹。其箭头表示随着 K 值的增加根轨迹的变化趋势，而标注的数值则代表与特征根位置相应的开环增益 K 的数值。

4. 根据根轨迹图分析系统的稳定性

根据图 5.3 所示的根轨迹图，当开环增益 K 由零变化到无穷大时，可以获得系统的下述性能($R=500/K$)。

(1) 当 $K=3$，即 $R=166\text{k}\Omega$ 时，闭环极点有一对在虚轴上的根，系统等幅振荡，临界稳定。

(2) 当 $K>3$，即 $R<166\text{k}\Omega$ 时，两条根轨迹进入 S 平面的右半平面，系统不稳定。

(3) 当 $0<K<3$，即 $R>166\text{k}\Omega$ 时，两条根轨迹进入 S 平面的左半平面，系统稳定。

上述分析表明，根轨迹与系统性能之间有密切的联系。利用根轨迹不仅能够分析闭环系统的动态性能以及参数变化对系统动态性能的影响，还可以根据对系统暂态特性的要求确定可变参数和调整开环零点、极点位置以及改变它们的个数。这就是说，根轨迹法可用来解决线性系统的分析和综合问题。由于它是一种图解求根的方法，比较直观，避免了求解高阶系统特征根的麻烦，所以根轨迹法在工程实践中应用广泛。

5. 实验步骤

(1) 绘制根轨迹图：实验前根据对象的开环传递函数画出对象的根轨迹图，对其稳定性及暂态性能做出理论上的判断，并确定各种状态下系统开环增益 K 的取值及相应的电阻值 R。

(2) 将信号源单元的“ST”端插针与“S”端插针用“短路块”短接。

(3) 将开关设在“方波”挡，分别调节调幅电位器和调频电位器，使“OUT”端输出的方波幅值为 1V，周期为 10s 左右。

(4) 按模拟电路图(图 5.2)接线，如图 5.4 所示，其中 μ 代表 μF。。

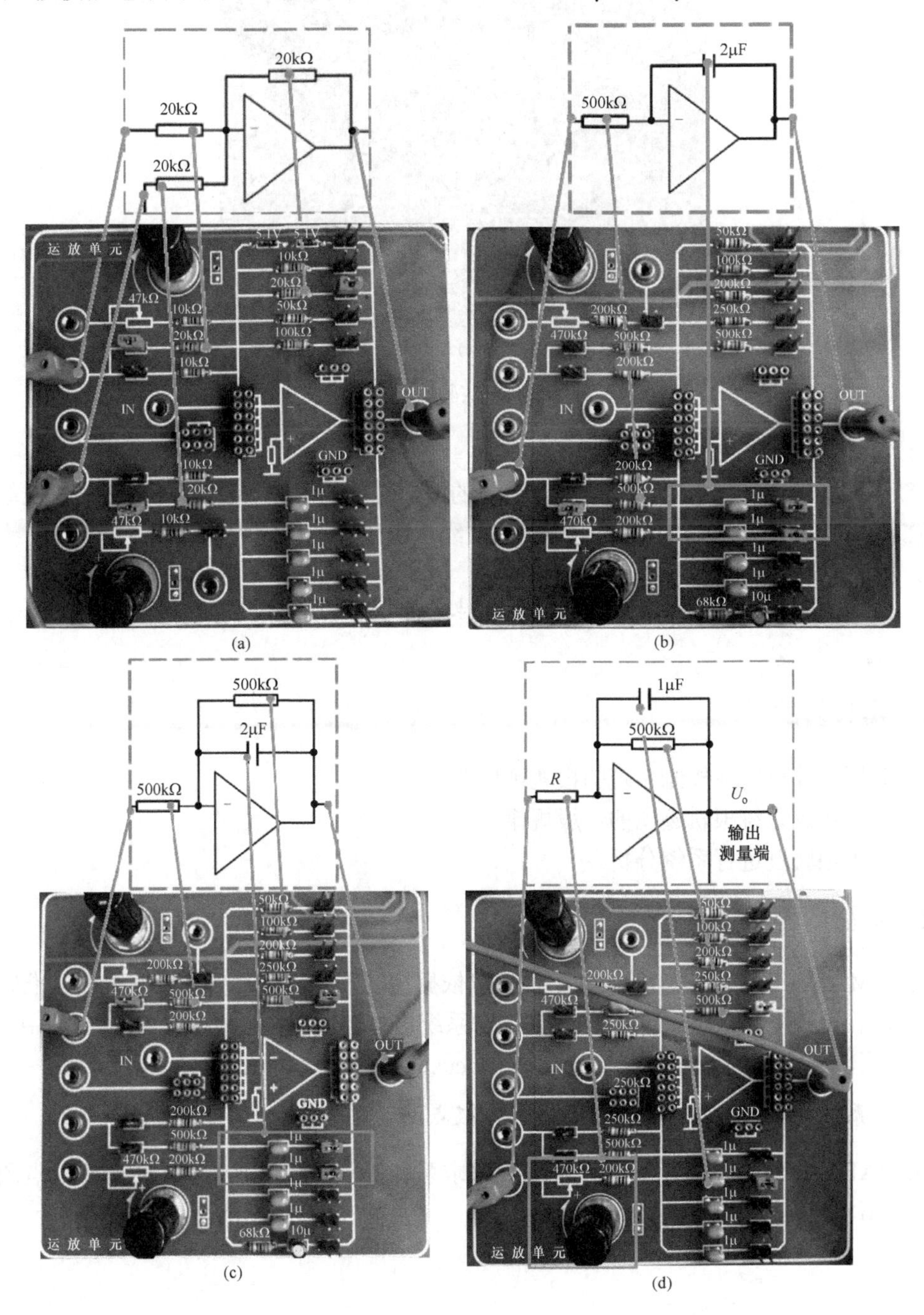

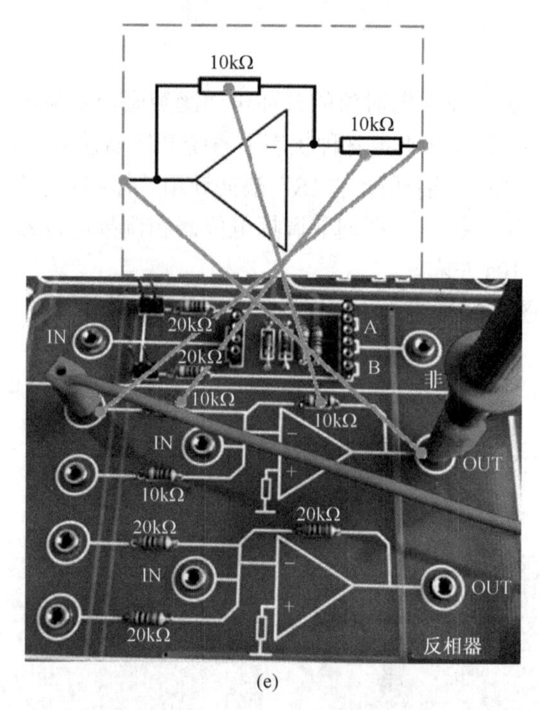

(e)

图 5.4　根轨迹实验的电路连接图

(5)将步骤(2)中的方波信号加至输入端。

(6)改变对象的开环增益，即改变电阻 R 的值，用示波器的“CH1”和“CH2”表笔分别测量输入端和输出端，观察对象的时域响应曲线，应该和理论分析吻合。

5.3　虚拟实验/机械工程控制系统的根轨迹分析

5.3.1　实验目的

(1)利用计算机完成控制系统的根轨迹作图。

(2)了解控制系统根轨迹图的一般规律。

(3)利用根轨迹进行系统分析。

5.3.2　实验内容

利用 MATLAB 工具箱中的函数不仅可以依据控制系统的开环传递函数方便、准确地作出根轨迹图，还可以利用已绘制的根轨迹图对系统进行性能分析。MATLAB 工具箱中，关于连续系统根轨迹的几个常用函数有 pzmap、rlocus、rlocfind、sgrid。

1. 求系统的零点、极点或绘制系统的零极点图

在 MATLAB 中，可以使用 pzmap 函数来求系统的零、极点或绘制系统的零极点图。该函数的调用格式有两种，分别为

```
[p, z] = pzmap(num, den);
pzmap(num, den);
```

其中，第 1 种格式只返回参数值而不作图，返回参数值 p 为极点的列向量，z 为零点的列向量；第 2 种格式只能绘制零极点分布图而不返回参数值。在这两种格式中，num 表示系统开环传递函数分子系数向量(由高次到低次)；den 表示系统开环传递函数分母系数向量(由高次到低次)。

例 5.1　已知系统的开环传递函数为

$$G(s)H(s)=\frac{s+5}{s^3+3s^2+6s+9}$$

试求系统的零点和极点。

解：利用 pzmap 函数可求出该系统的零点和极点，即在 MATLAB 命令窗(Command Window)写入如下一条语句。

```
>>[p, z]=pzmap([1,5],[1,3,6,9])
```

输入完毕后按 Enter 键，可得到：

```
p =
  -2.1542
  -0.4229 + 1.9998i
  -0.4229 - 1.9998i
z =
  -5
```

如果要绘制该系统的零极点分布图，那么在 MATLAB 命令窗(Command Window)写入如下语句：

```
>>pzmap([1,5],[1,3,6,9])
```

按 Enter 键后可得到如图 5.5 所示的零极点图。“×”表示极点，“ₒ”表示零点。由图可以看出，该系统有 3 个极点和 1 个零点。

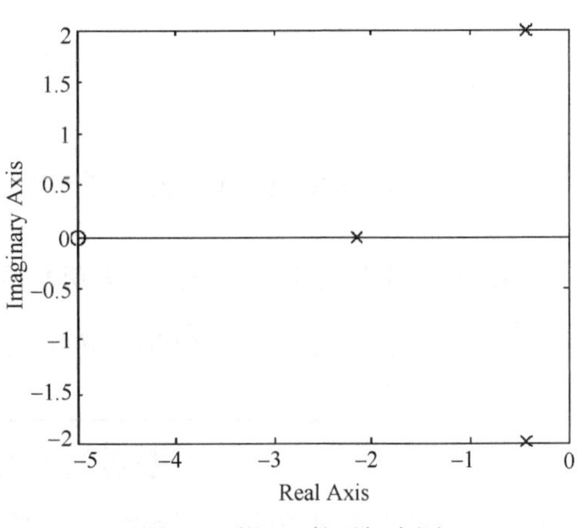

图 5.5　例 5.1 的零极点图

2. 绘制系统的根轨迹图

使用 rlocus 命令可以得到系统的根轨迹图。该命令的基本调用格式为

```
rlocus(num, den);
```

例 5.2　控制系统的开环传递函数为

$$G(s)H(s)=\frac{K(s+5)}{s^4+2s^3+3s^2+6s+9}$$

试绘制系统的根轨迹图。

解：利用 rlocus 函数可作出该系统的根轨迹图，即在 MATLAB 命令窗(Command Window)写入如下一条语句。

```
>>rlocus([1,5],[1,2,3,6,9])
```

按 Enter 键后可得到如图 5.6 所示的根轨迹图，“×”表示极点，“∘”表示零点。由图可以看出，该系统有 4 个极点和 1 个零点。通常，人们习惯使用如下的程序语句，运行的结果是一样的。

```
>>num=[1,5];              %给定分子向量，系数之间用逗号或空格隔开
>>den=[1,2,3,6,9];        %给定分母向量，系数之间用逗号或空格隔开
>>rlocus (num, den)       %绘制根轨迹
```

此外，在生成的根轨迹图上用鼠标左键单击根轨迹上的某一点，就会自动弹出一个文字框，给出该点的增益(即 K 值)、坐标、阻尼系数、超调量、频率等详细信息，如图 5.7 所示。

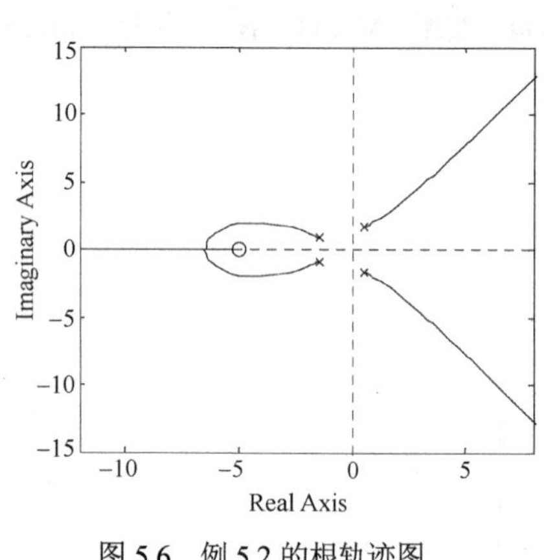

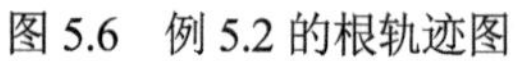

图 5.6　例 5.2 的根轨迹图

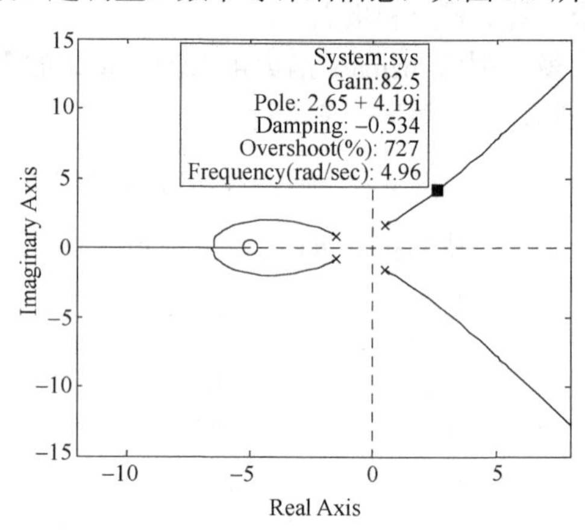

图 5.7　例 5.2 的根轨迹图上任一点信息

3. 计算根轨迹上给定一组极点所对应的增益

使用 rlocfind 函数可计算根轨迹上给定一组极点所对应的增益。该命令的基本调用格式为

```
[k, p] = rlocfind(num,den);
```

其中，k 为被选点对应的根轨迹增益返回值；p 为与该点增益对应的所有极点坐标返回值。

执行该函数指令后，根轨迹图形窗口中显示“十”字光标，当用户移动鼠标选择根轨迹上的一点，单击左键后，该极点所对应的增益 k 被赋值，与该增益对应的所有极点的坐标赋值给 p。在 MATLAB 命令窗(Command Window)直接写入“k”或“p”，按 Enter 键后即可显示它们的值。

例 5.3　控制系统的开环传递函数为

$$G(s)H(s)=\frac{K}{s^3+3s^2+2s}$$

试绘制系统的根轨迹图，并确定根轨迹的分离点及相应的根轨迹增益 K_g。

解：在 MATLAB 命令窗(Command Window)写入下列程序。

```
>>num=[1];                %给定分子向量
>>den=[1,3,2,0];          %给定分母向量
```

```
>>rlocus (num, den);                    %绘制根轨迹图
>>[k, p] = rlocfind (num, den);         %选择极点，计算其开环增益和其他闭环极点
```

程序执行过程中，先绘出系统的根轨迹图，并在图形窗口中出现“十”字光标，提示用户在根轨迹上选择一点，这时，将“十”字光标移到所选择的地方，可得到该处对应的系统根轨迹增益及与该增益对应的所有闭环极点。此例中，将“十”字光标移至根轨迹的分离点处，可得到：

```
k =
    0.3849
p =
    -2.1547
    -0.4259
    -0.4194
```

理论上，若光标能准确定位在分离点处，则应有两个重极点，即 p_2 与 p_3 相等，显然单击分离点存在一定的误差。程序执行后，得到的根轨迹图如图 5.8 所示。

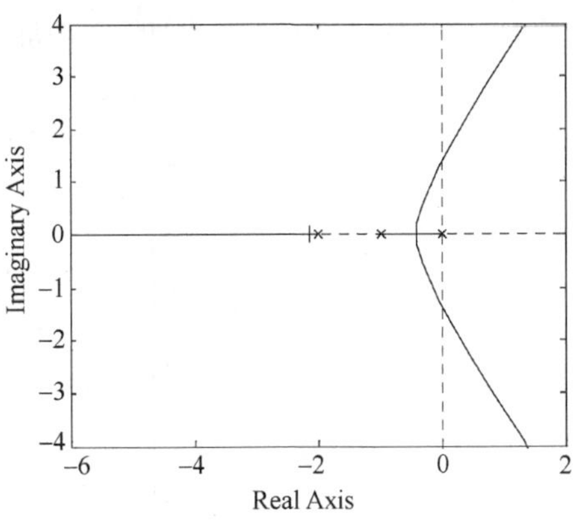

图 5.8　例 5.3 的根轨迹图

4. 绘制等阻尼系数和等无阻尼固有频率栅格

使用 sgrid 命令可在已绘制的根轨迹图上绘制等阻尼系数和等无阻尼固有频率栅格。该命令的基本格式为

```
sgrid;
```

例 5.4　单位负反馈系统的开环传递函数为

$$G(s)=\frac{K(4s^2+3s+1)}{s(s+2)(3s+1)}$$

试绘制系统的根轨迹，确定当系统的阻尼比 $\xi=0.84$ 时系统的闭环极点，并分析系统的性能。

解：将开环传递函数写为

$$G(s)=\frac{K(4s^2+3s+1)}{3s^3+7s^2+2s}$$

在 MATLAB 命令窗(Command Window)写入下列程序：

```
>>num=[4 3 1];                   %给定分子向量
>>den=[3 7 2 0];                 %给定分母向量
>>rlocus(num,den);               %绘制根轨迹图
>>sgrid;                         %绘制等阻尼系数和无阻尼固有频率栅格
>>[k,p]=rlocfind(num,den);       %选择极点，计算其开环增益和其他闭环极点
```

执行以上程序后，可得到绘有由等阻尼比和等无阻尼固有频率构成的栅格线的根轨迹图，如图 5.9 所示。屏幕出现选择根轨迹上任意点的“十”字线，将“十”字线的交点移至根轨迹与 $\xi=0.84$ 的等阻尼比线相交处，可得到：

```
k =
    0.5160
p =
   -2.5904
   -0.2155 + 0.1413i
   -0.2155 - 0.1413i
```

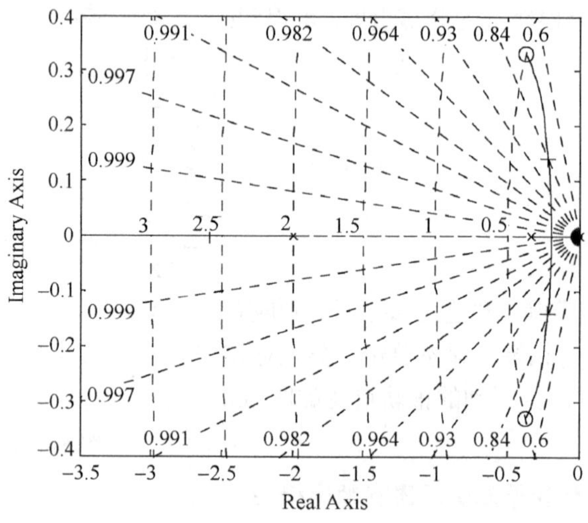

图 5.9　例 5.4 的根轨迹图

此时系统有三个闭环极点：一个负实数极点，两个共轭复数极点。负实数极点远离虚轴，其到虚轴的距离是复数极点的 10 倍，且复数极点附近无闭环零点，因此，这对共轭复数极点满足主导极点的条件，系统可简化为由主导极点决定的二阶系统，系统的性能可用二阶系统的分析方法得到。

系统的特征方程为

$$(s+0.216+\mathrm{j}0.141)(s+0.216-\mathrm{j}0.141)=s^2+0.432s+0.067=s^2+2\xi\omega_{\mathrm{n}}s+\omega_{\mathrm{n}}^2$$

系统的闭环传递函数为

$$G_{\mathrm{b}}(s)=\frac{\omega_{\mathrm{n}}^2}{s^2+2\xi\omega_{\mathrm{n}}s+\omega_{\mathrm{n}}^2}=\frac{0.067}{s^2+0.432s+0.067}$$

所以，该系统的性能可按上式表示的二阶系统进行分析。

5.4　思　考　题

1．如何通过改变根轨迹来改善系统的品质？

2．MATLAB 实验练习：

(1) 试求下列系统开环传递函数的零点和极点。

①$G(s)H(s)=\dfrac{s+5}{s^2+5s+1}$；

② $G(s)H(s)=\dfrac{s^2+5}{s^3+9s^2+6s+1}$；

③ $G(s)H(s)=\dfrac{s}{s^3+2s^2+s}$。

(2) 设一单位负反馈系统的开环传递函数如下：

$$G(s)=\frac{K(s+1)}{s(s+2)(s+3)(s+3)}$$

试使用 MATLAB 绘制该系统的根轨迹图。

(3) 控制系统的开环传递函数为

$$G(s)H(s)=\frac{K}{3s^3+2s^2+s}$$

试绘制系统的根轨迹图，并确定根轨迹的分离点及相应的根轨迹增益 K_g。

(4) 单位负反馈系统的开环传递函数为

$$G(s)=\frac{K(3s^2+2s+1)}{s(s+3)(2s+1)}$$

试绘制系统的根轨迹图，确定当系统的阻尼比 $\xi=0.84$ 时系统的闭环极点，并分析系统的性能。

第 6 章　控制器设计实验

6.1　引　　言

在控制系统设计中，除了通过调整结构参数改善原有系统的性能，经常是通过引入校正装置的办法来改善系统的性能。这种对系统性能的改善，就是对系统的校正(或补偿)，所用的校正装置即控制系统中的控制器，在控制理论中称为校正环节。引入校正环节将使系统的传递函数发生变化，导致系统的零点和极点重新分布。适当地增加零点和极点，可使系统满足规定的要求，以达到对系统品质进行改善的目的。引入校正环节的实质就是改变系统的零点和极点分布，或称为改变系统的频率特性。

性能校正问题不像系统分析那样具有单一性和确定性，也就是说，能够全面满足性能指标的系统并不是唯一确定的。

控制系统总的设计流程如图 6.1 所示。

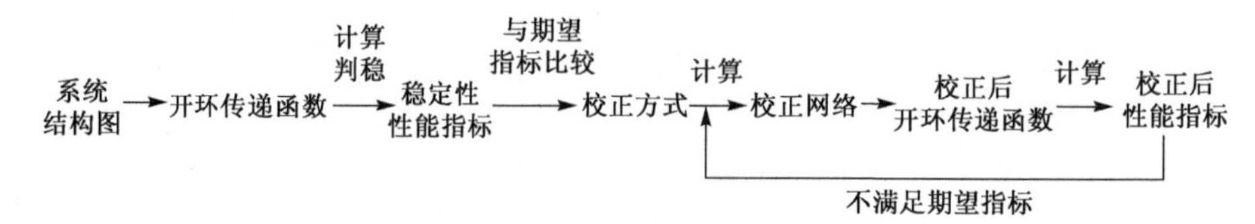

图 6.1　控制系统设计过程流程图

本章通过分析建立系统控制器的方法，引导学生对具体问题进行分析，重点培养其综合设计能力。

实验目的：掌握系统控制器设计的基本思路与方法。

实验内容：

(1)PID控制器参数的设计与调整。

(2)根轨迹校正控制器的设计。

(3)用MATLAB工具进行控制器设计与性能校正的实验。

实验要求：掌握常用的系统控制器设计方法，能够对系统响应性能的要求进行分析并设计出合理的控制器，了解控制器参数变化对系统动态特性的影响。

6.2　温度闭环控制系统设计实验

6.2.1　模拟 PID 温度闭环控制系统框图

本实验采用模拟 PID 调节器、PWM 发生环节、驱动电路、测温元件、转换电路等构成温度闭环控制系统(图 6.2)。首先由给定电压与反馈值相减形成偏差，对偏差再进行 PID 调节，PID 调节器的输出经 PWM 发生器转换成脉宽调制的脉冲输出，经驱动加至电热箱的控制端，控制电热箱的加热功率；而另一方面，电热箱中的测温元件热敏电阻将温度变化转变成电阻值的变化，再由分压电路将电阻信号转换成电压信号形成反馈值。这里给定电压和温度之间有一一对应关系，PID 调节器的参数调整的目标是使电热箱的温度以最快的速度、最小的超调达到给定电压所对应的温度。温度和电压的对应关系可参见表 6.1。

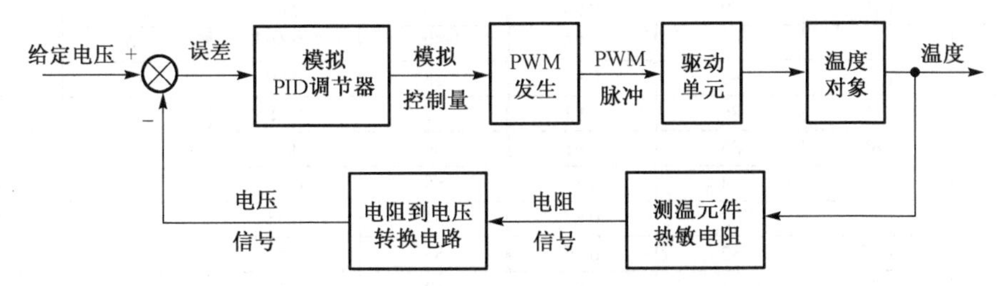

图 6.2　模拟 PID 闭环温度控制系统框图

表 6.1　温度电压对应表

温度值/℃	电压值/V	温度值/℃	电压值/V	温度值/℃	电压值/V	温度值/℃	电压值/V
230	4.16	203	3.81	176	3.33	149	3.69
229	4.15	202	3.80	175	3.30	148	2.65
228	4.14	201	3.78	174	3.28	147	2.62
227	4.13	200	3.77	173	3.27	146	2.59
226	4.12	199	3.75	172	3.25	145	2.56
225	4.10	198	3.73	171	3.24	144	2.53
224	4.09	197	3.71	170	3.22	143	2.51
223	4.08	196	3.70	169	3.20	142	2.49
222	4.07	195	3.69	168	3.18	141	2.46
221	4.06	194	3.67	167	3.16	140	2.43
220	4.05	193	3.66	166	3.12	139	2.40
219	4.04	192	3.64	165	3.10	138	2.36
218	4.03	191	3.62	164	3.09	137	2.34
217	4.02	190	3.60	163	3.07	136	2.31
216	4.00	189	3.59	162	3.05	135	2.30
215	3.99	188	3.57	161	3.02	134	2.28
214	3.98	187	3.56	160	3.00	133	2.26
213	3.97	186	3.54	159	2.97	132	2.24
212	3.95	185	3.52	158	2.94	131	2.21
211	3.93	184	3.50	157	2.91	130	2.17
210	3.91	183	3.48	156	2.89	129	2.14
209	3.90	182	3.46	155	2.85	128	2.10
208	3.88	181	3.45	154	2.82	127	2.06
207	3.87	180	3.43	153	2.80	126	2.02
206	3.85	179	3.41	152	2.78	125	1.99
205	3.84	178	3.39	151	2.76	124	1.95
204	3.83	177	3.36	150	2.73	123	1.92

续表

温度值/℃	电压值/V	温度值/℃	电压值/V	温度值/℃	电压值/V	温度值/℃	电压值/V
122	1.89	93	1.08	64	0.64	35	0.38
121	1.86	92	1.06	63	0.63	34	0.37
120	1.84	91	1.03	62	0.62	33	0.37
119	1.81	90	1.00	61	0.61	32	0.36
118	1.79	89	0.98	60	0.61	31	0.36
117	1.76	88	0.96	59	0.60	30	0.35
116	1.73	87	0.94	58	0.59	29	0.35
115	1.70	86	0.92	57	0.58	28	0.34
114	1.66	85	0.91	56	0.57	27	0.34
113	1.63	84	0.89	55	0.56	26	0.33
112	1.59	83	0.87	54	0.55	25	0.33
111	1.56	82	0.86	53	0.54	24	0.32
110	1.54	81	0.85	52	0.53	23	0.32
109	1.51	80	0.84	51	0.53	22	0.31
108	1.49	79	0.82	50	0.52	21	0.31
107	1.46	78	0.79	49	0.50	20	0.30
106	1.43	77	0.78	48	0.49	19	
105	1.41	76	0.77	47	0.49	18	
104	1.40	75	0.76	46	0.48	17	
103	1.38	74	0.75	45	0.48	16	
102	1.34	73	0.74	44	0.47	15	
101	1.31	72	0.73	43	0.46	14	
100	1.29	71	0.72	42	0.45	13	
99	1.27	70	0.71	41	0.44	12	
98	1.25	69	0.70	40	0.43	11	
97	1.21	68	0.69	39	0.42	10	
96	1.17	67	0.67	38	0.41		
95	1.14	66	0.66	37	0.40		
94	1.10	65	0.65	36	0.39		

6.2.2　控制系统的模拟电路图

控制系统的模拟电路如图 6.3 所示。

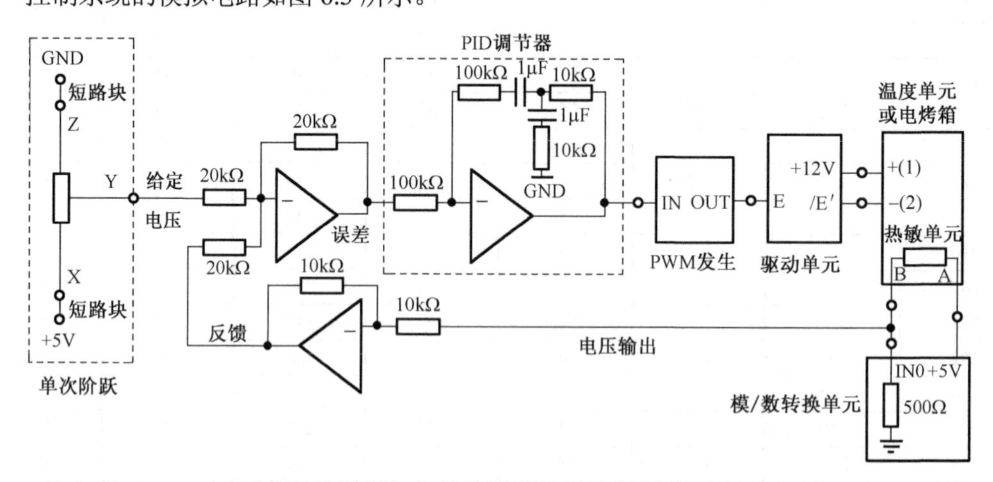

图 6.3　模拟 PID 闭环温度控制系统模拟电路

6.2.3　实验步骤

1）连接电路

按模拟电路图 6.3 连接各个模块(图 6.4)，参照表 6.1 中的温度和电压关系选好给定电压。仔细检查接线，确定无误后开启设备电源。

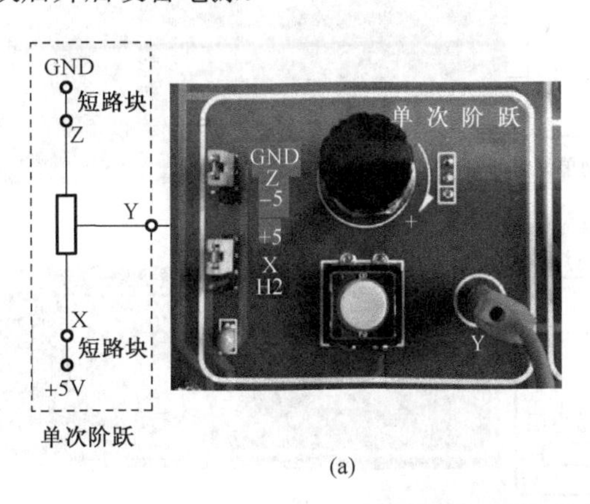

(a)

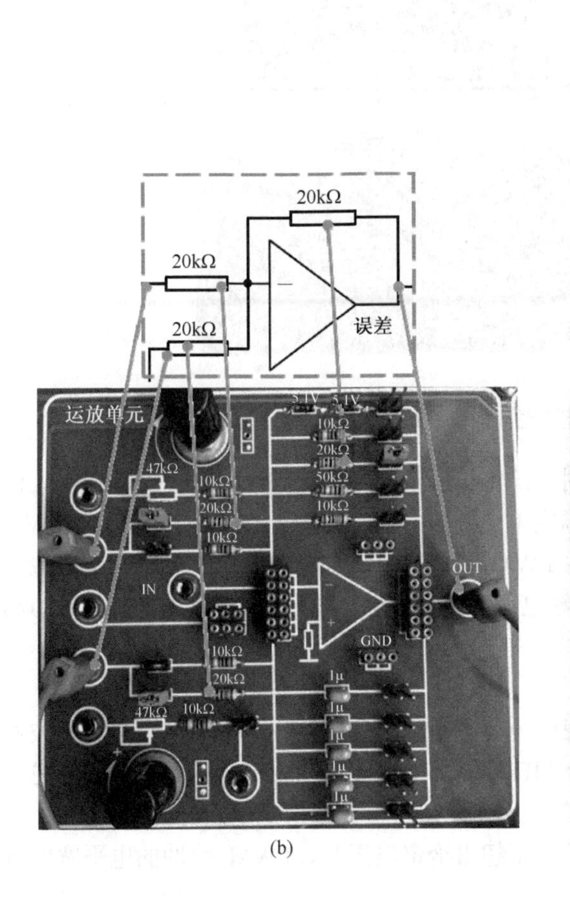

(b)

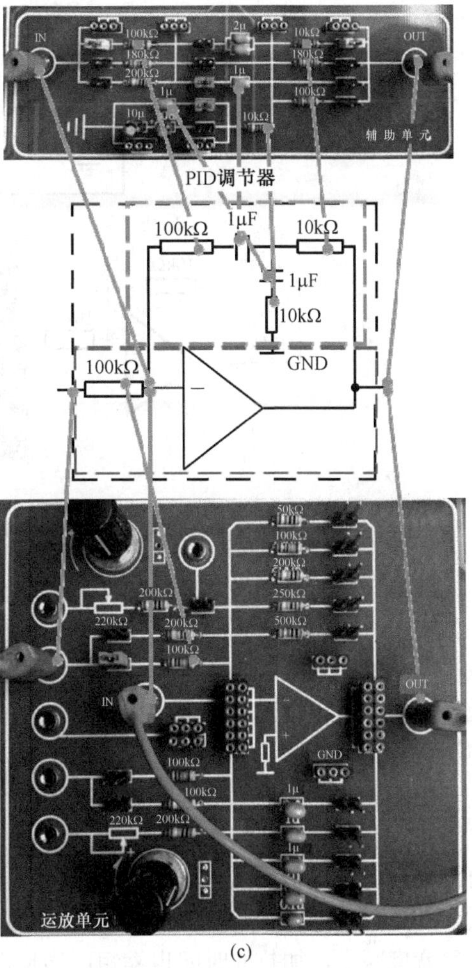

(c)

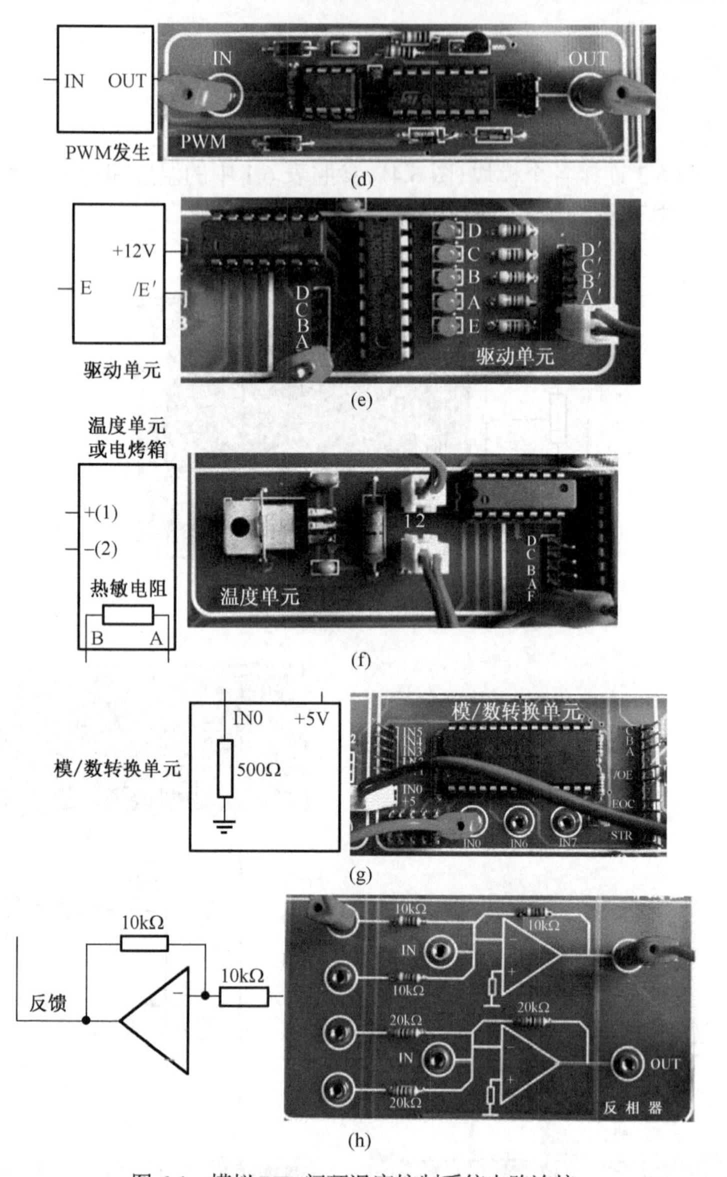

图 6.4　模拟 PID 闭环温度控制系统电路连接

注意：当选择温度单元作为实验对象时，给定电压一般不高于 0.8V（PID 调节器的比例系数为 1 时），对应温度为 70℃左右。否则温度单元过热，可能会导致元件损坏。这里当 PWM 发生单元的输入电压为 1.2～3.4V 时将产生 PWM 脉冲输出，且输入电压和脉冲的宽度成正比。当输入电压小于 1.2V 时 PWM 输出为零电平，当输入电压大于 3.4V 时 PWM 输出为高电平。

2）观察控制的效果

（1）用示波器的“CH1”和“CH2”路表笔分别测量给定电压和电压输出端，运行示波器可观察给定电压和反馈电压的关系，应符合 PID 控制器的规律。当反馈电压远小于给定电压时，PWM 脉冲的电平宽度较大，加热的时间长；当反馈电压接近给定电压时，PWM 脉冲的电平宽度减小，加热的时间也缩短；当反馈电压超出给定电压时，PWM 脉冲的电平宽度较小，加热的时间将变得很短，直到 PWM 脉冲的电平宽度为零，停止加热。

(2) 电烤箱温度可由温度计读出。系统通电运行后，可通过对温度上升情况的观察，再根据 PID 调节器的控制规律，适当调整 P、I、D 三项参数，即通过修改阻容值来达到修改比例 (P)、积分 (I)、微分 (D) 值的目的，使系统能达到较好的效果。PID 调节器的模拟电路图如图 6.3 所示。

PID 调节器的输出响应为

$$u_o(t) = T_d\delta(t) + K_p + \frac{1}{T_i}t \quad (t \geqslant 0)$$

其中，$K_p = \dfrac{R_1}{R_0}$；$T_i = R_0C_1$；$T_d = \dfrac{R_1R_2C_2}{R_0}$；$\delta(t)$ 为单位脉冲函数。

此次实验取 $R_0 = R_1$=100kΩ，$R_2 = R_3$ = 10kΩ，$C_1 = C_2$ = 1μF。

6.3　球-杆系统的 PID 控制实验

6.3.1　概述

在进行球-杆系统的 PID 控制实验前，应先对控制器各参数进行设置和检验。

(1) 运行 MATLAB，将 Current Directory 设置为 C:\MATLAB6p5\toolbox\GoogolTech\BallBeam。

(2) 打开 Googol Education Products→Ball & Beam，如图 6.5 所示。

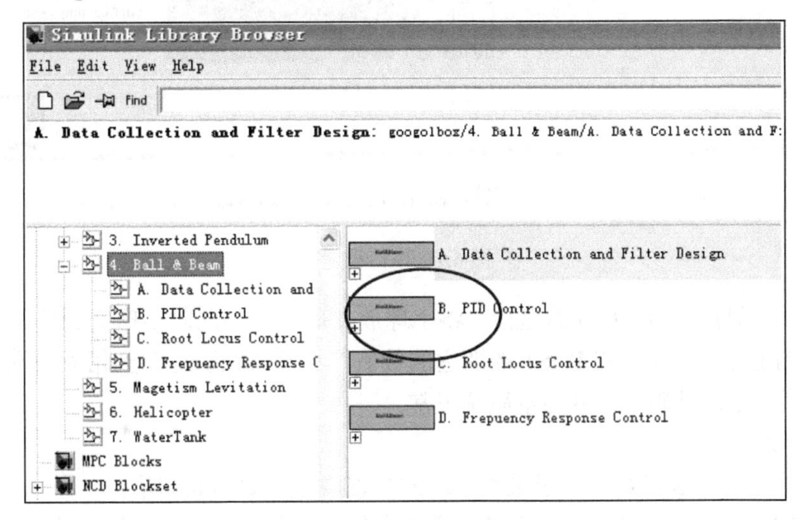

图 6.5　球-杆控制系统

(3) 双击 Ball&Beam Control→PID Control 模块，打开球-杆系统的控制程序界面，如图 6.6 所示。

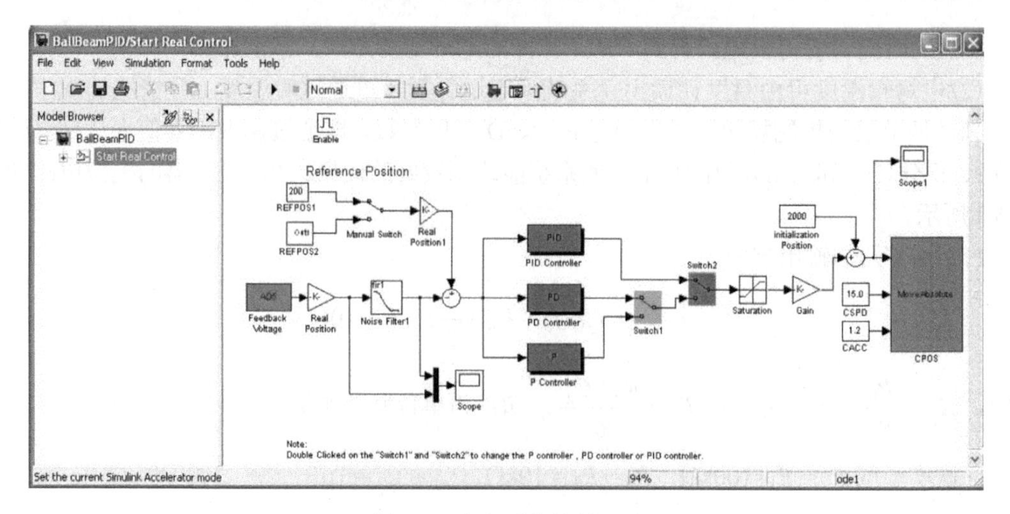

图 6.6　球-杆系统控制界面

(4) 双击 COM Port 根据实际情况选择 COM 口，默认值是 2，更改为 1，如图 6.7 所示。

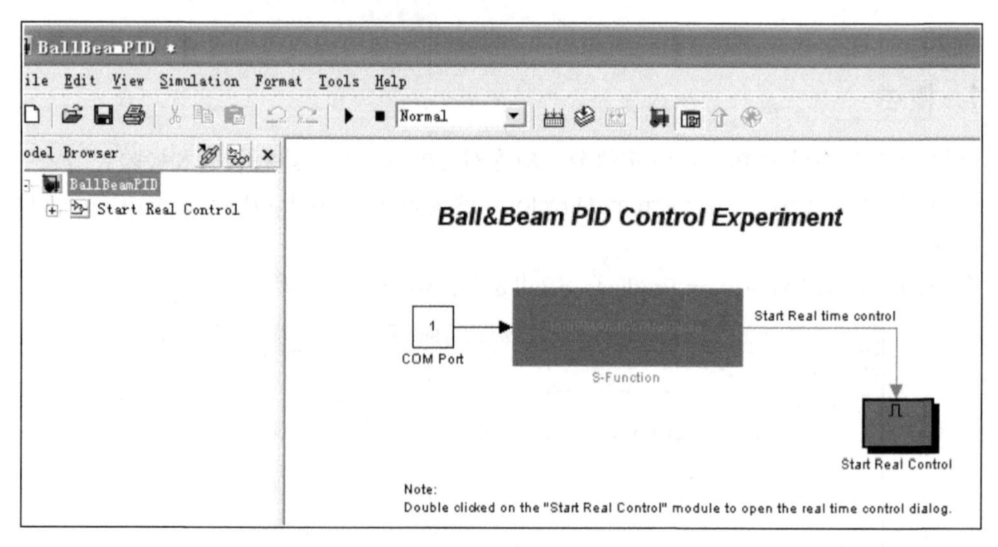

图 6.7　串口设置

(5) 单击“运行”按钮 ▶ 开始运行，将小球放在球杆上，此时小球受到控制会运行到球杆 200 刻度的地方。双击 REFPOS1 改变它的数值，小球会跟随运动到相应的位置。若小球控制稳定、运行定位准确，则视为本系统正常。

(6) 参数设置。

AD5 模块是一个 S 函数，用于采集小球的位置信号，如图 6.8 所示。

通过 AD5 S 函数采集的小球位置信号通常会包含一些电气噪声或其他噪声，且通常是一些高频信号，对控制系统的稳定性和控制精度都会产生影响，特别是控制器中存在微分时。可以引入一个低通滤波器来减少噪声的干扰。在 MATLAB 中，设计滤波器是很方便和容易的(图 6.9)。此外，系统中也存在硬件滤波器。

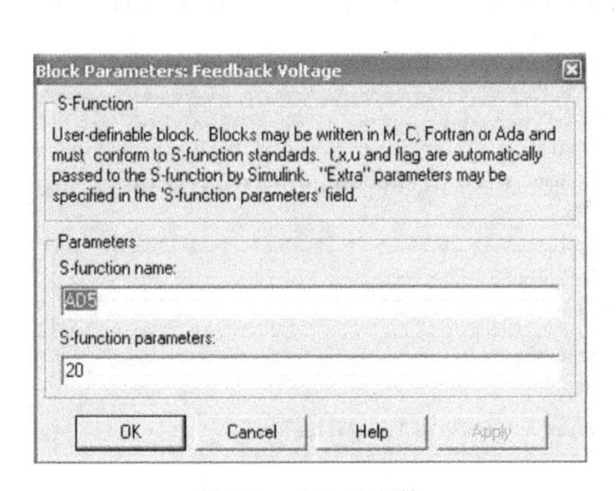

图 6.8　AD5 S 函数

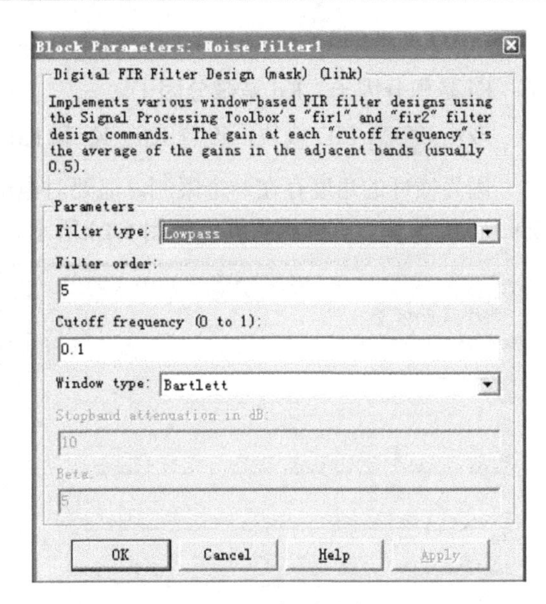

图 6.9　低通滤波器

经过滤波的小球位置和参考位置进行比较，得到小球的位置误差(图 6.10)。

位置误差输入 PID 控制器，PID 控制器如图 6.11 所示。

单击鼠标右键，选择 Look under mask，打开 PID 控制器的结构，如图 6.12 所示。

图 6.10　位置误差　　　　　　图 6.11　PID 控制器

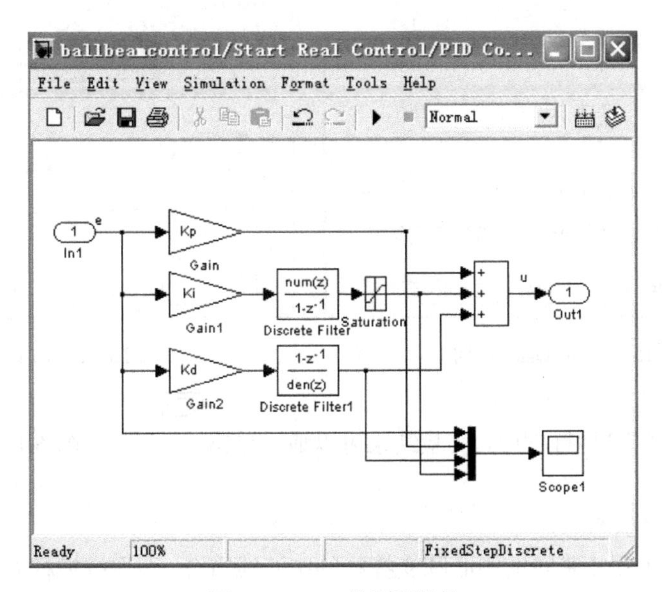

图 6.12　PID 控制器结构

PID 控制器的输入(In1)为小球的位置误差，输出(Out1)为电动机的位置，Kp 是比例因子，Ki 是积分因子，Kd 是微分因子。

双击 PID 模块，设置 Kp、Ki 和 Kd 参数，如图 6.13 所示。

因为横杆的角度存在一个限制，需要对电动机的位置进行最大值和最小值的限制，双击 Saturation 模块，打开模块界面如图 6.14 所示。

图 6.13　PID 参数设置

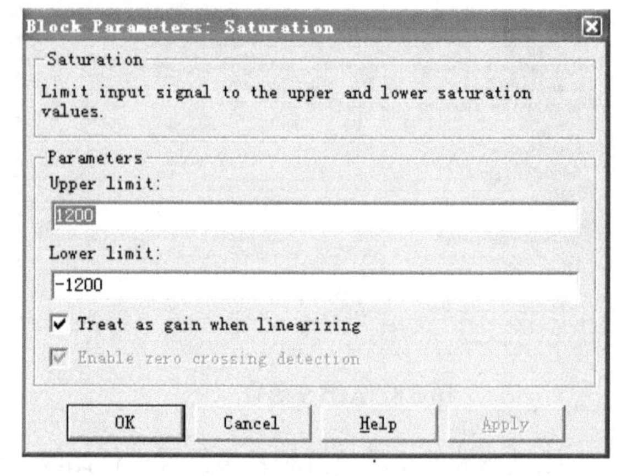

图 6.14　设置电动机运动限制范围的模块界面

因为电动机和横杆之间存在一个皮带轮进行减速，所以速度反向，设置 Gain 为–1，如图 6.15 所示。

通过一个 S 函数设置电动机的目标位置，双击 CPos 模块，在如图 6.16 所示的界面中输入“MoveAbsolute”(如果已经是 MoveAbsolute，则无须改动)。

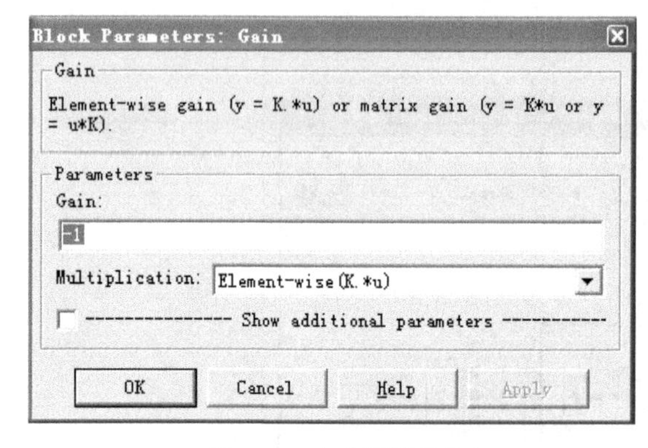

图 6.15　电动机运动反向

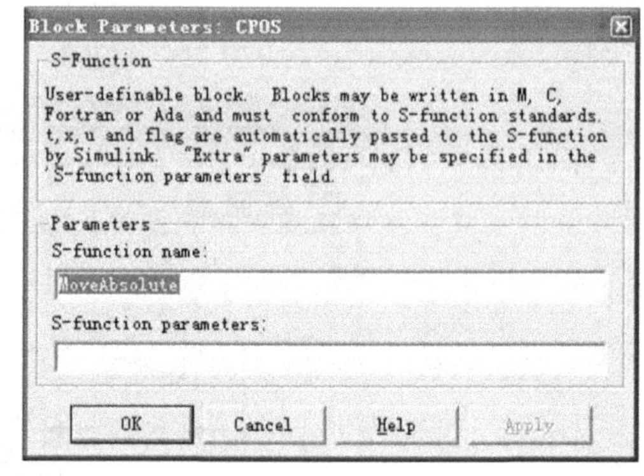

图 6.16　MoveAbsolute

单击(开始仿真)运行程序，实验结果可以通过单击 Scope 显示，图 6.17 和图 6.18 是对实验结果的描述。

(7)运行前初始状态。

转动皮带轮，使得皮带轮的中心和支撑杆的中心线重合，即保持横杆右端处于最低位置，如图 6.19 所示。

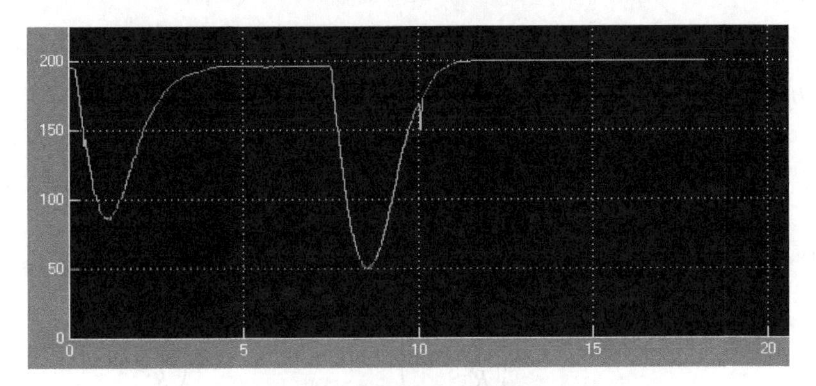

图 6.17　实验结果(小球位置)

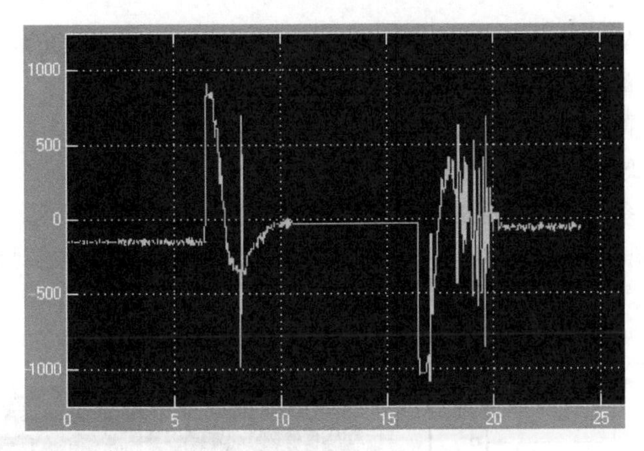

图 6.18　实验结果(电动机位置)

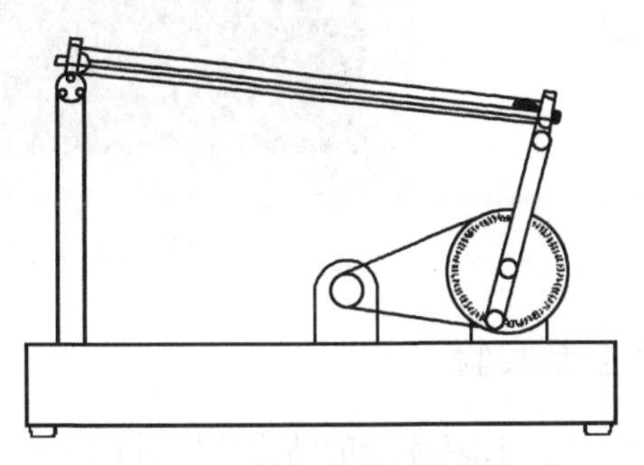

图 6.19　运行前的初始位置

6.3.2　球-杆系统的 P 控制实验

球-杆系统的闭环控制系统结构图如图 1.14 所示。

含有 P 控制器、球-杆系统结构和小球位置反馈的系统框图如图 6.20 所示。

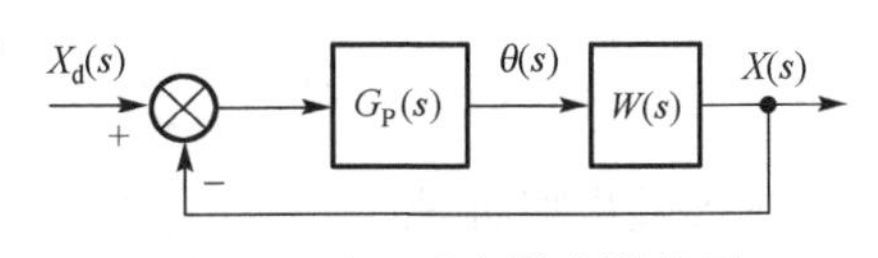

图 6.20　闭环比例控制结构图

图 6.20 中，$X_d(s)$ 为小球目标位置的拉普拉斯变换。

P 控制器为

$$G_{\mathrm{P}}(s)=K_{\mathrm{P}}$$

闭环系统的传递函数为

$$\frac{X(s)}{X_{\mathrm{d}}(s)}=\frac{G_{\mathrm{P}}(s)W(s)}{1+G_{\mathrm{P}}(s)W(s)}=\frac{cK_{\mathrm{P}}}{s^2+cK_{\mathrm{P}}}$$

可以比较明显地看出，这是一个二阶系统。其中，由式(2.20)可知

$$W(s)=\frac{X(s)}{\theta(s)}=\frac{mgd}{L\left(\dfrac{J}{R^2}+m\right)}\frac{1}{s^2}=C\frac{1}{s^2}，\quad C=\frac{mgd}{L\left(\dfrac{I}{R^2}+m\right)}$$

实验步骤如下。

(1)打开 MATLAB，在 MATLAB Simulink 环境下运行程序(图 6.6)。

(2)将控制器设置为 P 控制器(图 6.21)。

(3)设置目标位置为 200mm。

(4)用手指将小球拨动到 100mm 的地方。

(5)松开小球，系统将对小球的位置进行平衡。

(6)改变 K_{P} 并观察小球的响应，实验结果如图 6.22 所示，并比较实验结果和仿真结果的区别。

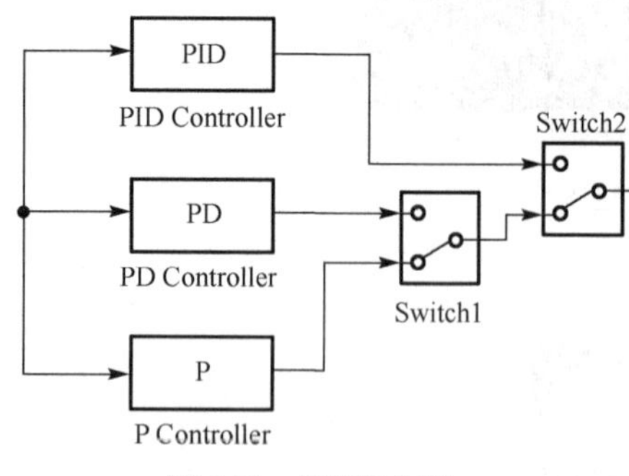

图 6.21　切换控制器

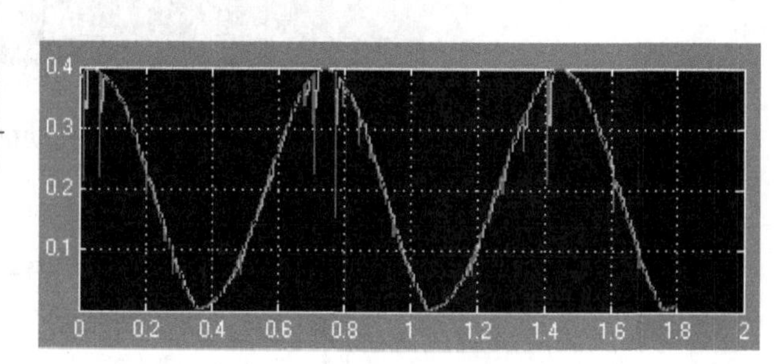

图 6.22　P 控制实验结果

6.3.3　球-杆系统的 PD 控制实验

给控制器添加一个微分控制，闭环系统的结构图如图 6.23 所示。

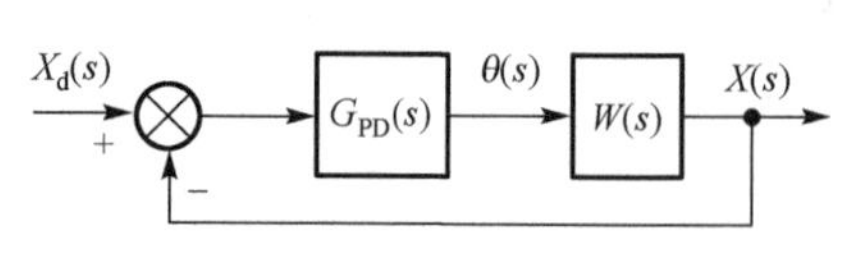

图 6.23　闭环 PD 控制结构图

PD 控制器的传递函数为

$$G_{\mathrm{PD}}(s)=1+K_{\mathrm{D}}s$$

闭环系统的传递函数为

$$\frac{X(s)}{X_{\mathrm{d}}(s)}=\frac{G_{\mathrm{PD}}(s)W(s)}{1+G_{\mathrm{P}}(s)W(s)}=\frac{c(1+K_{\mathrm{D}}s)}{s^2+K_{\mathrm{D}}s+c}$$

实验步骤如下。

(1)打开 MATLAB，在 MATLAB Simulink 环境下运行程序(图 6.6)。

(2)将控制器设置为 PD 控制器，并设置如图 6.24 所示的参数。

(3) 设置目标位置为 200mm。

(4) 用手指将小球拨动到 50mm 的地方。

(5) 松开小球，系统将对小球的位置进行平衡。

(6) 改变 K_P 和 K_D 并观察小球的响应，实验结果如图 6.25 所示。

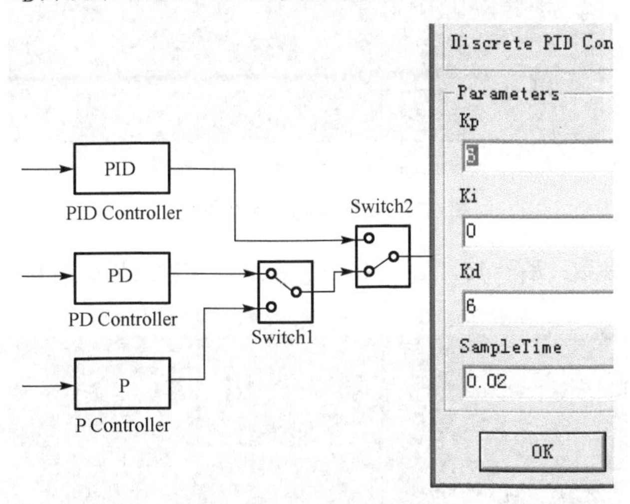

图 6.24　切换控制器

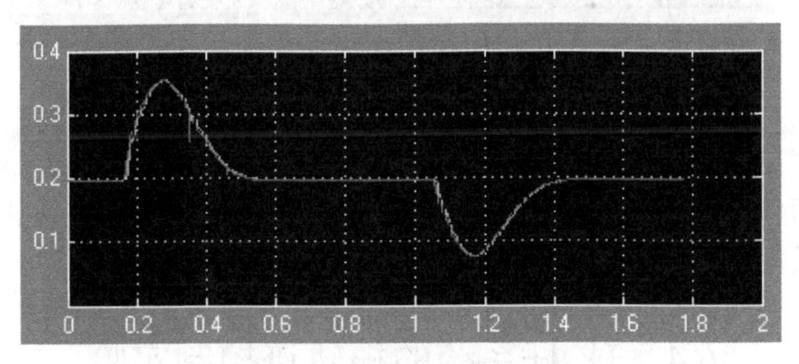

图 6.25　PD 控制实验结果

6.3.4　球-杆系统的 PID 控制实验

加入一个积分控制，闭环系统的结构图如图 6.26 所示。

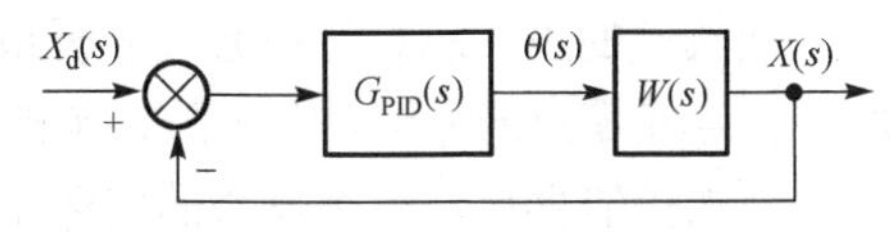

图 6.26　闭环 PID 控制结构图

PID 控制器的传递函数为

$$G_{PID}(s) = K_P\left(1 + K_D s + \frac{K_I}{s}\right)$$

闭环系统的传递函数为

$$\frac{X(s)}{X_d(s)} = \frac{G_{PD}(s)W(s)}{1 + G_P(s)W(s)} = \frac{cK_P(K_D s^2 + s + K_I)}{s^3 + cK_P(K_D s^2 + s + K_I)}$$

实验步骤如下。

(1) 按照前面的实验步骤，参考前面的示例进行球-杆系统的实验，选择 PID 控制器参数为：$K_P = 10$，$K_I = 1$，$K_D = 10$，实际的控制效果如图 6.27 所示。

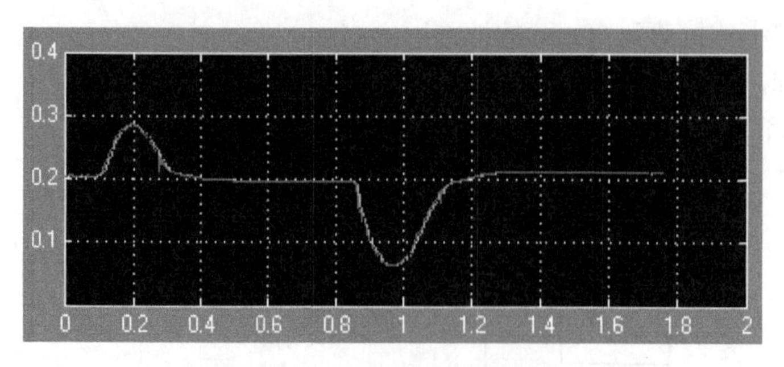

图 6.27　PID 控制实验结果(1)

(2)改变控制器参数：$K_P = 15$，$K_I = 10$，$K_D = 0.5$，实验结果如图 6.28 所示。

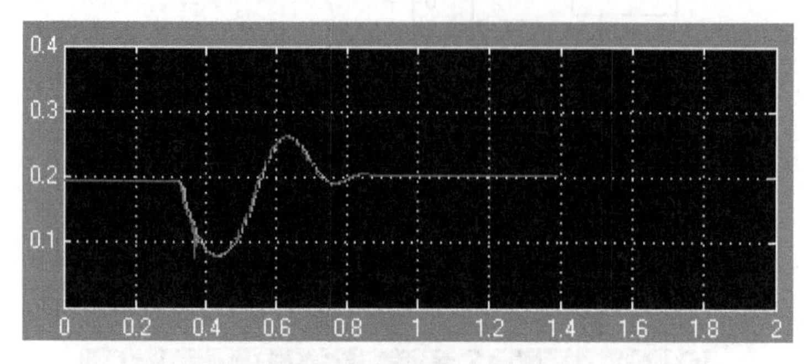

图 6.28　PID 控制实验结果(2)

可以看出，明显地减小了系统的稳态误差，基本上满足了设计要求，对于这个特定的控制问题，不需要积分控制就可以稳定系统，但是，对于一个控制系统，往往会有很多的控制器设计方法，可以尝试不同的控制参数，直到得到满意的控制效果。

6.4　球-杆系统的根轨迹控制实验

6.4.1　球-杆系统的根轨迹绘制

根轨迹的主要思想就是通过分析系统的开环零极点位置，来分析闭环系统的特性，通过增加极点或零点的方法(校正器)，来改变根轨迹以及闭环系统的响应。

添加控制器后，一个典型的闭环系统如图 6.29 所示。

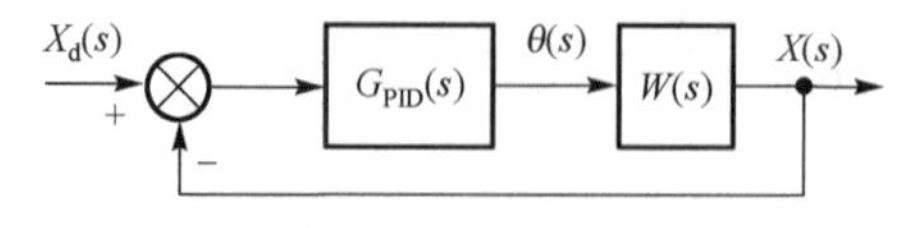

图 6.29　典型的闭环系统

设计要求：调整时间少于 1s；超调少于 10%。

在 MATLAB 中建立一个新的 M 文件，以便仿真和绘制系统的根轨迹图。

```
m = 0.11;
R = 0.015;
g = -9.8;
L = 0.4;
d = 0.04;
J = 2*m*R^2/5
K = (m*g*d)/(L*(J/R^2+m)); %simplifies input
num = [-K];
den = [1 0 0];
plant = tf(num,den);
rlocus(plant)
```

在 MATLAB Simulink 环境下运行 M 文件，可以看出，系统具有两个极点，其根轨迹从原点开始沿虚轴指向无穷，如图 6.30 所示。

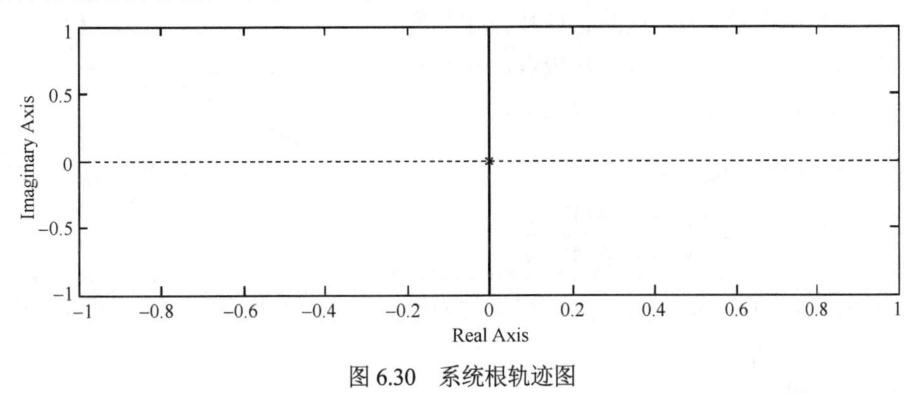

图 6.30　系统根轨迹图

6.4.2　根轨迹校正

球-杆系统的根轨迹校正可以转化为如下问题。

对于传递函数为 $G(s)=\dfrac{0.7}{s^2}$ 的系统，设计控制器，使得校正后系统满足以下要求。

调整时间：　　$t_s \leqslant 1\text{s}(2\%)$。

最大超调量：　$M_p \leqslant 10\%$。

根轨迹的设计步骤如下。

(1) 确定闭环期望极点 s_d 的位置，由最大超调量 $M_p = e^{-\left(\xi/\sqrt{1-\xi^2}\right)\pi} \leqslant 10\%$ 可以得到 $\xi \geqslant 0.591155$，近似取 $\xi = 0.6$。

由 $\xi = \cos\theta$ 可以得到 $\theta = 0.938306$，其中 θ 为位于第二象限的极点和原点的连线与实轴负方向的夹角。

又由 $t_s = \dfrac{4}{\xi\omega_n} \leqslant 1\text{s}$ 可以得到 $\omega_n \geqslant 6.76641$，于是可以得到期望的闭环极点为 $6.76641[-\cos\theta \pm \text{j}\sin\theta]$。

(2) 未校正系统的根轨迹在实轴和虚轴上，不通过闭环期望极点，因此需要对系统进行超前校正，设控制器为

$$K(s)=a\frac{Ts+1}{aTs+1}=\frac{s+z_{\mathrm{c}}}{s+p_{\mathrm{c}}}\quad(a\leqslant 1)$$

(3) 计算超前校正装置应提供的相角，已知期望的闭环主导极点和系统原来极点相角和为

$$G(s_{\mathrm{d}})=-\left(\arctan\frac{\omega_{\mathrm{n}}\sin\theta}{\omega_{\mathrm{n}}\cos\theta-5.1136}-\arctan\frac{\omega_{\mathrm{n}}\sin\theta}{\omega_{\mathrm{n}}\cos\theta+5.1136}+6.28\right)\approx-4.40657$$

因此校正装置提供的相角为

$$\phi=-\pi-(-4.40657)=-1.26489$$

(4) 设计超前校正装置，已知 $\theta=0.938306$，对于最大 a 值的角度 $\gamma=\frac{1}{2}(\pi-\theta-\phi)=0.469135$。

按最佳确定法作图规则，在图 6.31 中画出相应的直线，求出超前校正装置的零点和极点，分别为

$$z_{\mathrm{c}}=-3.10057,\quad z_{\mathrm{p}}=-14.7664$$

校正后系统的开环传递函数为

$$Q=G(s)K(s)=\frac{K(s+3.10057)}{(s+14.7664)}\frac{0.7}{s^2}$$

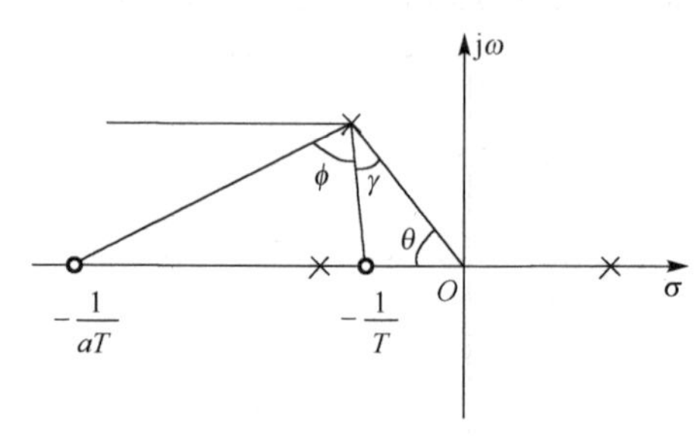

图 6.31　球-杆系统根轨迹计算图

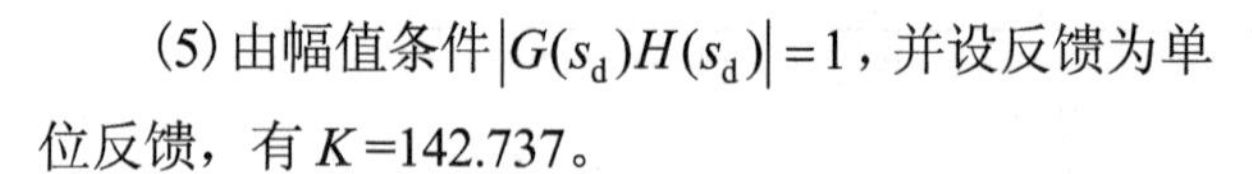
(5) 由幅值条件 $|G(s_{\mathrm{d}})H(s_{\mathrm{d}})|=1$，并设反馈为单位反馈，有 K=142.737。

(6) 因此控制器为

$$G(s)=\frac{142.737(s+3.10057)}{s+14.7664}$$

在 MATLAB Simulink 中打开仿真的 M 文件，双击如图 6.32 所示的 Root Locus M File。

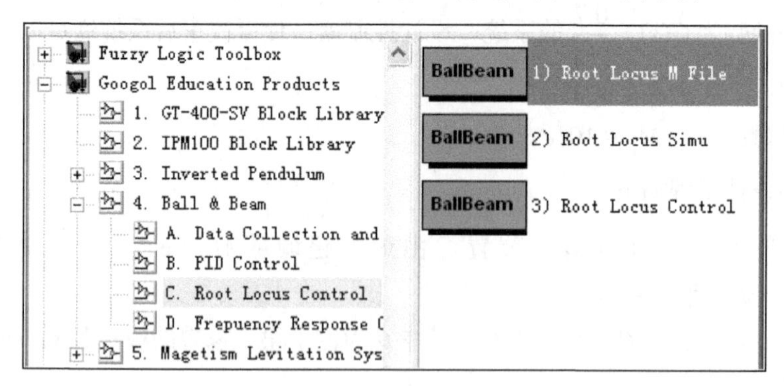

图 6.32　控制器选择

打开如图 6.33 所示的 M 文件界面。

单击运行程序，运行结果如图 6.34 所示。

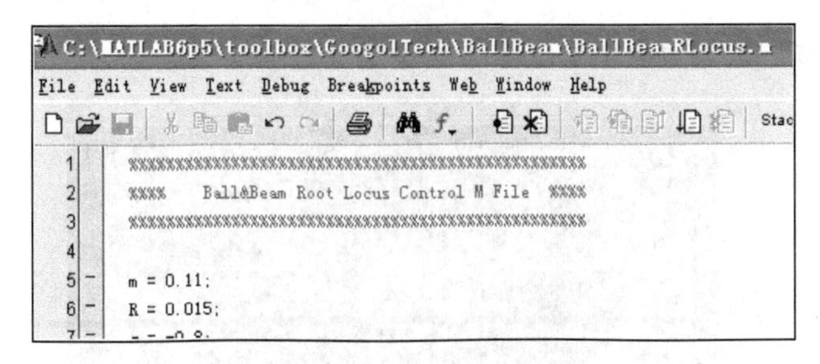

图 6.33　根轨迹校正算法 M 文件

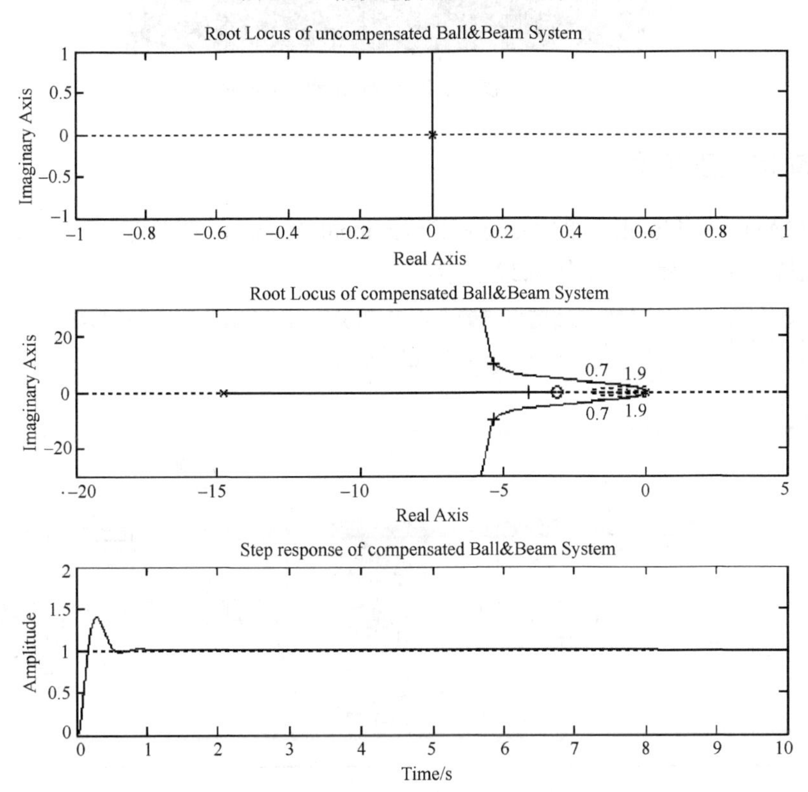

图 6.34　球-杆系统的根轨迹校正

也可以单击 Root Locus Simu 打开仿真界面，如图 6.35 所示。

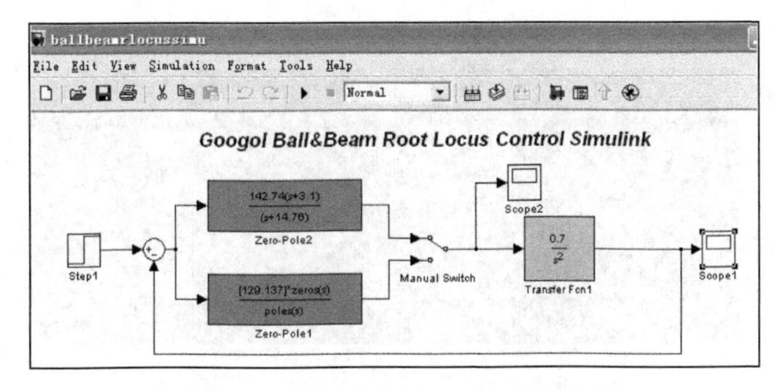

图 6.35　根轨迹校正 Simulink 仿真界面

单击▶按钮运行，得到仿真结果，如图 6.36 所示。

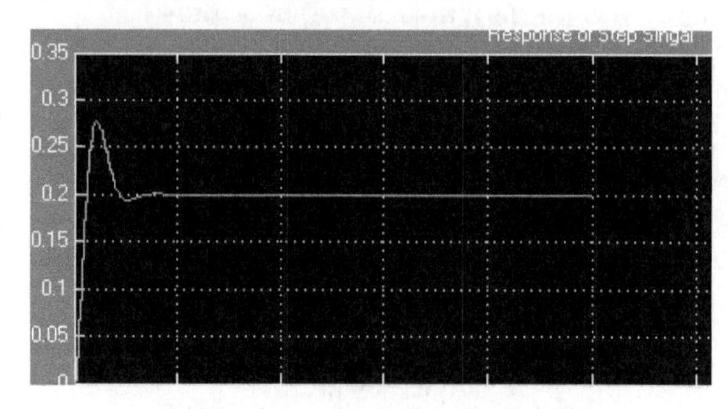

图 6.36　校正后的球-杆系统阶跃响应

6.4.3　根轨迹校正实验

(1) 在 MATLAB Simulink 的 Googol Educational Products 工具箱中，单击 Root Locus Demo 打开根轨迹控制程序，如图 6.37 所示。

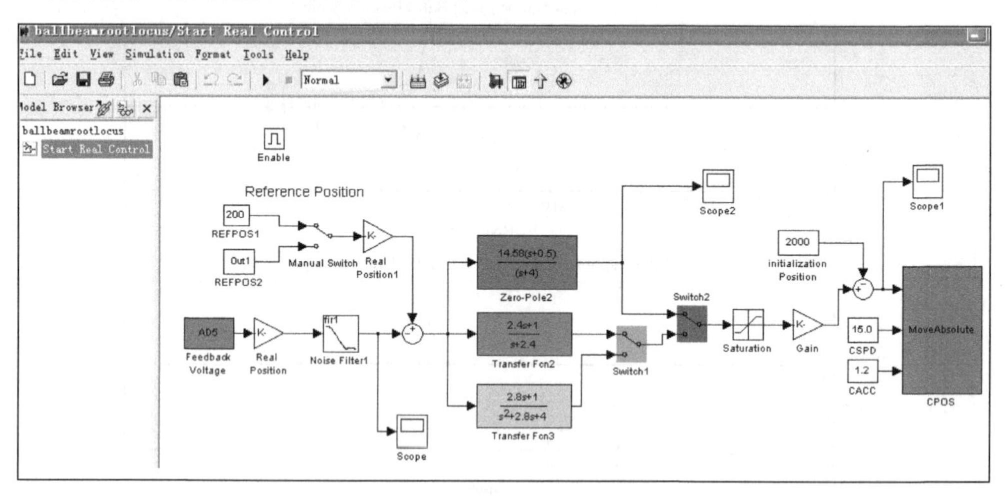

图 6.37　根轨迹实时控制程序

(2) 把控制器的参数设置为计算得到的值，单击▶按钮运行程序，得到如图 6.38 所示的控制结果。

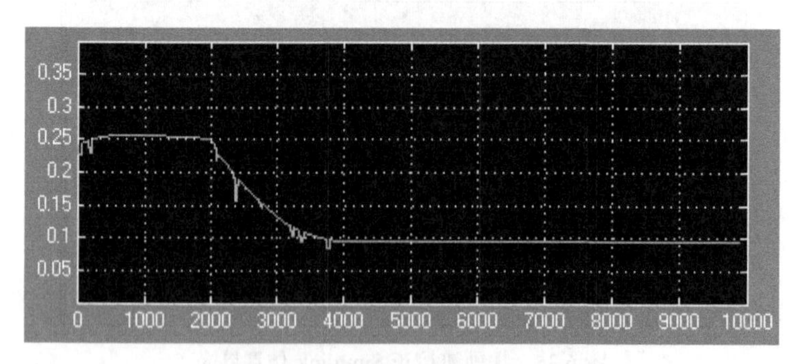

图 6.38　根轨迹控制实验结果 (1)

(3) 改变控制器参数，设置：

```
zo= 0.5;
po = 4;
selected_point = -3.7270 + 2.1250i
k =14.5801
poles =-1.6842 + 2.2895i, -1.6842 - 2.2895i, -0.6317
```

得到如图 6.39 所示的响应。

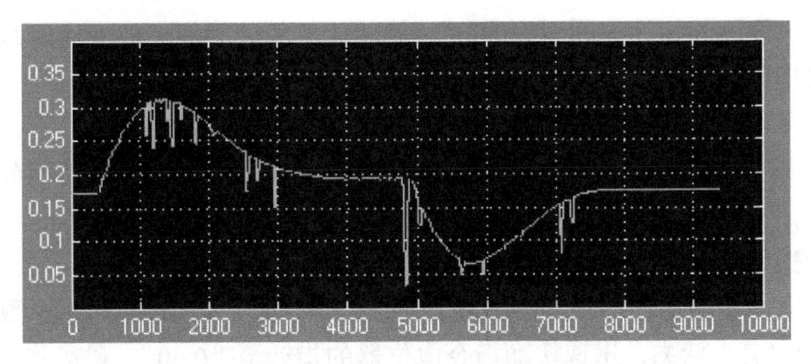

图 6.39　根轨迹控制实验结果(2)

分析实际控制结果和仿真结果的区别，并分析区别产生的原因。

6.5　工作台位置的 PID 控制实验

1. 结构框图

由第 2 章的分析可知工作台位置控制系统的闭环传递函数式(2.16)为 $G_b(s)=\dfrac{K_pK_qK_gK}{Ts^2+s+K_pK_gK_fK}$，为典型的二阶系统。

本次实验将采用 PI 和 PID 串联校正方法，如图 6.40 和图 6.41 所示。

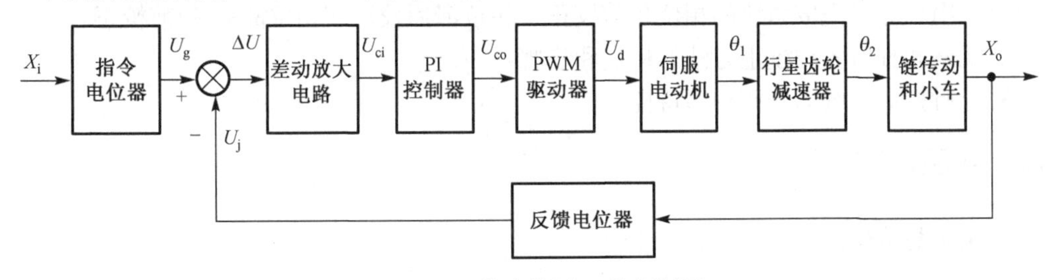

图 6.40　工作台位置 PI 控制框图

2. 实验步骤

(1) 信号源选择“阶跃”，将积分开关、微分开关拨至“关”状态，旋转比例系数旋钮至最左端，使比例系数最小，检查无误后打开电源(图 3.49)。

(2) 迅速拨动指令电位器的指针至“0.40”，观察并记录工作台对阶跃信号的响应。

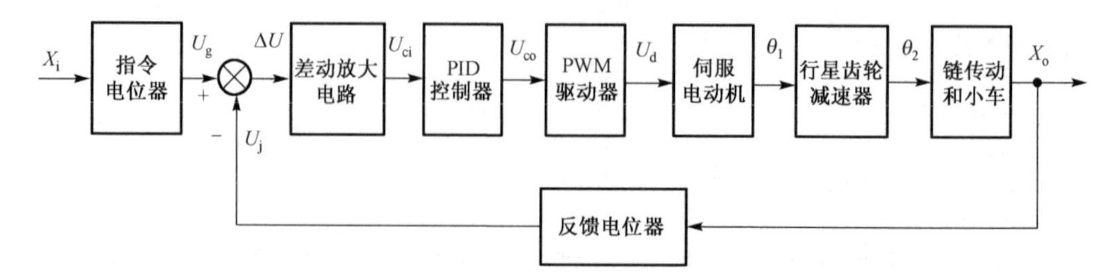

图 6.41　工作台位置 PID 控制框图

(3) 将指令电位器的指针拨回至“0.00”，旋转比例系数旋钮，改变比例系数，即改变系统的固有频率和阻尼比，观察并记录工作台对阶跃信号响应的变化。

(4) 重复步骤(3)直至系统有较快的响应速度和较小的振荡。

(5) 将指令电位器的指针拨回至“0.00”，保持步骤(4)时的比例系数，将积分开关拨至“开”状态，迅速拨动指令电位器的指针至“0.40”，观察并记录工作台对阶跃信号响应的变化。

(6) 重复步骤(5)直至系统误差得到有效消除且没有明显的振荡。

(7) 将指令电位器的指针拨回至“0.00”，保持步骤(4)、(5)时的比例系数和积分系数，将微分开关拨至“开”状态，迅速拨动指令电位器的指针至“0.40”，观察并记录工作台对阶跃信号响应的变化。

(8) 重复步骤(7)直至系统得到较高的响应速度且无明显的振荡。

(9) 完成实验后，将信号源选择开关拨至“阶跃”，位置指令电位器的指针拨至“0”，旋转比例系数旋钮至最左端，使比例系数最小，旋转频率旋钮至最左端，使正弦波信号频率最小。检查无误后关闭电源。

6.6　虚拟实验/机械工程控制系统的设计与校正

6.6.1　实验目的

(1) 利用计算机完成系统的相位超前校正、相位滞后校正和相位滞后-超前校正。

(2) 观察和分析各种校正方法的特点和步骤。

(3) 分析控制系统的开环频率特性。

6.6.2　实验内容

1. 相位超前校正

相位超前校正装置的主要作用是通过其相位超前效应来改变频率响应曲线的形状，产生足够大的相位超前角，以补偿原来系统中过大的相位滞后。关于控制系统的校正，MATLAB 没有专门的命令函数。设已知超前校正环节的传递函数为

$$G_c(s) = \frac{Ts+1}{aTs+1} \quad (a<1)$$

其设计步骤一般包括以下几步。

(1) 根据稳态误差要求，确定开环增益 K(如果增益已知，这步省略)。

(2) 画出校正前系统的 Bode 图，并计算校正前系统的相位裕度 γ_{q} 和幅值裕度 K_{fq}。

(3) 确定为使校正后系统的相位裕度达到要求值，应使校正环节的相位为

$$\varphi_{\mathrm{c}}=\gamma-\gamma_{\mathrm{q}}+\varepsilon$$

其中，γ 为系统校正后的相位裕度；ε 为考虑到系统增加串联超前校正环节后系统的剪切频率要向右移而附加的相位角，一般取 $\varepsilon=5^{\circ}\sim10^{\circ}$。

(4) 令超前校正环节的最大超前相位 $\varphi_{\mathrm{cm}}=\varphi_{\mathrm{c}}$，$\omega_{\mathrm{cm}}=\omega_{\mathrm{c}}$，计算参数 a 和时间常数 T。其主要依据是

$$\left.\begin{aligned}\omega_{\mathrm{m}}&=\omega_{\mathrm{c}}\\ \omega_{\mathrm{m}}&=\frac{1}{\sqrt{aT}}\end{aligned}\right\}\Rightarrow T=\frac{1}{\omega_{\mathrm{m}}\sqrt{a}},\quad a=\frac{1-\sin\varphi_{\mathrm{cm}}}{1+\sin\varphi_{\mathrm{cm}}},\quad 20\lg\left|G_{\mathrm{k}}(\omega_{\mathrm{c}})\right|=-10\lg\frac{1}{a}$$

(5) 画出校正后系统的 Bode 图，校验校正后的系统是否满足要求，若不满足要求，从步骤(3)开始重新设计，可通过适当增大 ε 的值来调节。

例 6.1　设一系统如图 6.42 所示，其开环传递函数为

$$G_{\mathrm{k}}(s)=\frac{4K}{s(s+2)}$$

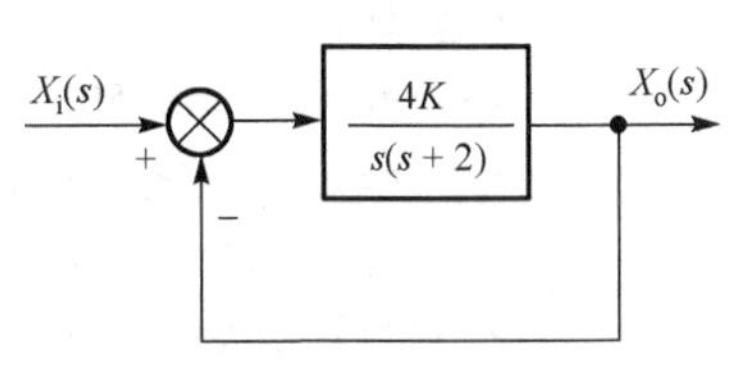

图 6.42　系统框图

若使系统单位速度输入下的稳态误差为 $e_{\mathrm{ss}}=0.05$，相位裕度 $\gamma\geqslant50^{\circ}$，幅值裕度 $K_{\mathrm{f}}\geqslant10\mathrm{dB}$，试求系统校正装置。

解：可以根据对系统稳态误差的要求，确定系统开环放大系数 K 的大小：

$$e_{\mathrm{ss}}=\lim_{s\to0}s\frac{1}{1+H(s)G(s)}\bullet\frac{1}{s^{2}}=\frac{1}{2K}=0.05$$

所以，当 K=10 时，可满足系统稳态精度的要求。此时开环传递函数可写为

$$G_{\mathrm{k}}(s)=\frac{40}{s(s+2)}=\frac{40}{s^{2}+2s}$$

根据以上超前校正环节的设计步骤，可编写如下 MATLAB 程序，在 MATLAB 命令窗(Command Window)写入下列程序。

```
>>numq=40;                                  %校正前系统开环传递函数的分子向量
>>denq=[1 2 0];                             %校正前系统开环传递函数的给定分母向量
>>[Gmq, Pmq, Wcgq, Wcpq]=margin(numq, denq);
                       %校正前系统的幅值裕度，相位裕度，幅值交界频率和相位交界频率
>>r=50; rq=Pmq;                             %设定校正后的相位裕度和校正前的相位裕度
>>w= 0.1:1000;                                  %设定频率范围
>>[magq, phaseq]=bode(numq, denq, w);           %计算校正前系统的幅值和相角
>>e=6;                                          %设定ε = 6°
>>phic=(r-rq+e)*pi/180;                         %求出校正环节的相位(弧度)
```

```
>>a=(1-sin(phic))/(1+sin(phic));                %计算参数 a
>>wcm=sqrt((sqrt(4*40*40*a+16*a*a)-4*a)/(2*a)); %求出剪切频率 ωcm = ωc
>>T=1/(wcm*sqrt(a));                            %求时间常数 T
>>numc=[T 1];                                   %校正环节传递函数的分子向量
>>denc=[a*T 1];                                 %校正环节传递函数的给定分母向量
>>[num, den]=series(numq,denq, numc, denc);
                      %求出校正后系统的传递函数的分子、分母向量
>>[Gm, Pm, Wcg, Wcp]=margin(num, den);
                      %校正后系统的幅值裕度，相位裕度，幅值交界频率和相位交界频率
>>printsys(numc, denc)                          %输出校正环节的传递函数
>>printsys(num, den)                            %输出校正后系统的传递函数
>>[magc, phasec]=bode(numc, denc, w);           %计算校正环节的幅值和相角
>>[mag, phase]=bode(num, den, w);               %计算校正后系统的幅值和相角
>>subplot(2, 1, 1);                        %绘图分两部分显示，下图形显示在上方
>>semilogx(w, 20*log10(mag), w, 20*log10(magq),'--', w, 20*log10(magc), '-.' );
                                                %绘制幅频曲线
>>grid;                                         %绘制栅格
>>ylabel('幅值(dB)');                           %标注 y 轴
>>title('---Gq, -., Gc, GqGc ');                %定义标题
>>subplot(2, 1, 2);                             %绘图分两部分显示，下图形显示在下方
>>semilogx(w, phase, w, phaseq,'--', w, phasec, '-.');  %绘制相频曲线
>>grid;                                         %绘制栅格
>>ylabel('相位(°)');                            %标注 y 轴
>>xlabel('频率(rad/sec)');                      %标注 x 轴
>>title(['校正前：幅值裕度=', num2str(20*log10(Gmq)), 'dB,', '相位裕度
  =',num2str(Pmq), '°';'校正后：幅值裕度=', num2str(20*log10(Gm)), 'dB,', '
  相位裕度=',num2str(Pm), '°']);
                                                %显示相关数值
```

运行结果：

```
num/den =
    0.22927 s + 1
----------------------------------%校正环节的传递函数
   0.054452 s + 1
num/den =
           9.1707 s + 40
----------------------------------%校正后系统的传递函数
   0.054452 s^3 + 1.1089 s^2 + 2 s
```

图 6.43 为系统校正前后的 Bode 图，由图可知所设计的串联超前校正装置改变了控制系统的瞬态性能，提高了相位裕度。

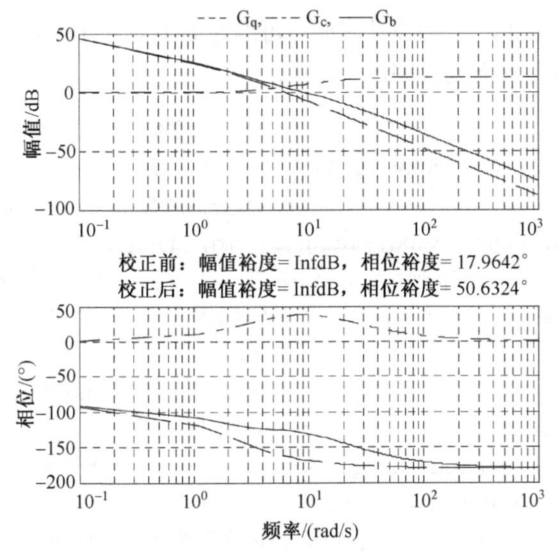

图 6.43　系统校正前后的 Bode 图

2. 相位滞后校正

相位滞后环节在高频段产生较大的衰减，而相位滞后作用较小。利用相位滞后环节的这一特性，使校正后的系统具有较大的相位稳定裕度。同样，MATLAB 没有专门的命令函数。设已知滞后校正环节的传递函数为 $G_c(s)=\dfrac{Ts+1}{\beta Ts+1}(\beta>1)$，其设计步骤一般包括以下几步。

(1) 根据稳态误差要求，确定开环增益 K(如果增益已知，这步省略)。

(2) 画出校正前系统的 Bode 图，并计算校正前系统的相位裕度 γ_q 和幅值剪切频率 ω_{cq}。

(3) 根据校正后系统的相位裕度 γ 的要求值，确定剪切频率 ω_c，即在一定的频率变化范围内，将校正前系统的相位幅值 γ_q 与校正环节的相位幅值 γ_c 的差值绝对值的最小值所对应的频率作为校正后系统的剪切频率 ω_c。通常，γ_c 的计算方法如下：

$$\gamma_c=\gamma-180^\circ+\varepsilon$$

其中，一般取 $\varepsilon=6^\circ\sim14^\circ$。

(4) 确定参数 β 和时间常数 T。其主要依据是

$$L_q(\omega_c)-20\lg\beta=20\lg A_q(\omega_c)-20\lg\beta=0\ ,\quad T=k_0/\omega_c$$

其中，$A_q(\omega_c)$ 为校正前系统幅频特性在 ω_c 处的值；k_0 为一常数，一般取 $k_0=5\sim15$。

(5) 画出校正后系统的 Bode 图，校验校正后的系统是否满足要求，若不满足要求，则从步骤(3)开始重新设计，可通过适当增大 ε 的值来调节。

例 6.2　设单位负反馈系统的开环传递函数为

$$G_k(s)=\frac{5}{s(s+1)(0.5s+1)}$$

经校正，使系统幅值稳定裕度 $K_f\geqslant10\,\text{dB}$，相位稳定裕度 $\gamma\geqslant40^\circ$。

解：根据以上滞后校正环节的设计步骤，可编写如下 MATLAB 程序，在 MATLAB 命令窗(Command Window)写入下列程序。

```
>>numq=5;                               %校正前系统开环传递函数的分子向量
>>denq=conv([1 0], conv([1 1], [0.5 1]));
                                        %校正前系统开环传递函数的给定分母向量
>>[Gmq, Pmq, Wcgq, Wcpq]=margin(numq, denq);
                   %校正前系统的幅值裕度，相位裕度，幅值交界频率和相位交界频率
>>r=50; rq=Pmq;                         %设定校正后的相位裕度和校正前的相位裕度
>>e=6;                                  %设定ε = 6°
>>rc= -180+r+e;                         %计算校正环节的相位裕度
>>w= 0.01:1000;                         %设定频率范围
>>[magq, phaseq]=bode(numq, denq, w);   %计算校正前系统的幅值和相角
>>[il, ii]=min(abs(phaseq-rc));
                   %求出不同频率下，校正前系统相位与校正环节差值绝对值的最小值
>>wc=w(ii);                             %找出校正后系统的剪切频率ωc
>>beta=magq(ii);                        %根据β = Aq(ωc)，计算参数a
>>T=10/wc;                              %求时间常数T，这里的10是一个概数，通常取5～15
>>numc=[T 1];                           %校正环节传递函数的分子向量
>>denc=[beta*T 1];                      %校正环节传递函数的给定分母向量
>>[num, den]=series(numq,denq, numc, denc);
                   %求出校正后系统的传递函数的分子、分母向量
>>[Gm, Pm, Wcg, Wcp]=margin(num, den);
                   %校正后系统的幅值裕度，相位裕度，幅值交界频率和相位交界频率
>>printsys(numc, denc)                  %输出校正环节的传递函数
>>printsys(num, den)                    %输出校正后系统的传递函数
>>[magc, phasec]=bode(numc, denc, w);         %计算校正环节的幅值和相角
>>[mag, phase]=bode(num, den, w);             %计算校正后系统的幅值和相角
>>subplot(2, 1, 1);                 %绘图分两部分显示，下图形显示在上方
>>semilogx(w, 20*log10(mag), w, 20*log10(magq),'--', w, 20*log10(magc), '-.' );
                                              %绘制幅频曲线
>>grid;                                       %绘制栅格
>>ylabel('幅值(dB)');                         %标注y轴
>>title('---Gq, -., Gc, GqGc ');              %定义标题
>>subplot(2, 1, 2);                     %绘图分两部分显示，下图形显示在下方
>>semilogx(w, phase, w, phaseq,'--', w, phasec, '-.'); %绘制相频曲线
>>grid;                                 %绘制栅格
>>ylabel('相位(°)');                    %标注y轴
>>xlabel('频率(rad/sec)');              %标注x轴
>>title(['校正前：幅值裕度=', num2str(20*log10(Gmq)), 'dB,', '相位裕度
  =',num2str(Pmq), '°';'校正后：幅值裕度=', num2str(20*log10(Gm)), 'dB,', '
  相位裕度=',num2str(Pm), '°']);
                                        %显示相关数值
```

运行结果：

```
num/den =
    24.3902 s + 1
   ---------------------------   %校正环节的传递函数
   269.6021 s + 1
num/den =
                121.9512 s + 5
   -------------------------     %校正后系统的传递函数
   134.801 s^4 + 404.9031 s^3 + 271.1021 s^2 + s
```

由图 6.44 可见，系统的相位稳定裕度约为 50.8°，幅值稳定裕度约为 15.9dB，满足本题要求。

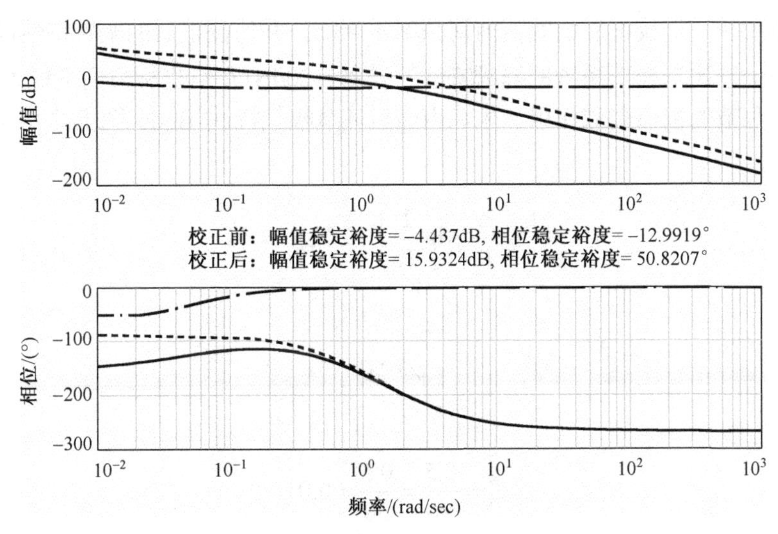

图 6.44　系统校正前后的 Bode 图

3. 相位滞后-超前校正

单纯地采用相位超前校正或相位滞后校正只能改善系统单方面的性能。如果要使系统同时具有较好的动态性能和稳定性，应该采用滞后-超前校正。设已知滞后-超前校正环节的传递函数为 $G_c(s)=\dfrac{\alpha T_1 s+1}{T_1 s+1}\cdot\dfrac{\frac{T_2}{\alpha}s+1}{T_2 s+1}$ $(\alpha>1)$，其设计步骤通过一个实例来说明。

例 6.3　设单位负反馈系统的开环传递函数为

$$G_k(s)=\frac{180}{s(0.167s+1)(0.5s+1)}$$

试校正系统使其幅值剪切频率 $\omega_c \geqslant 2.5$，相位裕度 $\gamma \geqslant 45°$。

解：根据给出的校正前系统开环传递函数，用 MATLAB 画出系统频率特性，如图 6.45 中虚线所示。

由图 6.45 可知，校正前的幅值剪切频率 ω_{cq} 约为 13，根据校正前系统开环传递函数及相

位裕度的定义，可计算其相位裕度为

$$\gamma_q = 180° - 90° - \arctan(0.5\times13) - \arctan(0.167\times13) = -56°$$

可见，系统是不稳定的。若用一个相位超前环节校正，是不可能将系统的相位裕度由$\gamma = -56°$提高到$\gamma = 45°$的。若用一个相位滞后环节校正，由图 6.44 可知，为了使系统有足够的相位裕度，必须使幅值剪切频率$\omega_c < 2$。这不仅不符合$\omega_c = 3.5$的要求，而且在开环增益较大的情况下，导致相位滞后环节的时间常数过大而难以实现。在这种情况下，可采用相位滞后-超前校正。

首先让此校正环节的相位超前部分的零点抵消未校正系统的一个时间常数最大的极点，为此，使$\alpha T_1 s + 1 = 0.5s + 1$，即

$$\alpha T_1 = 0.5$$

根据此题要求，选校正后的幅值剪切频率ω_c=3.5，并使校正后的幅频特性以–20dB 的斜率穿越 0dB 线，它比未校正系统的幅频特性的斜率(–20dB)在纵坐标方向上低大约 34dB，它应由相位滞后环节的幅值衰减作用产生。由滞后环节幅频特性 Bode 图上的几何关系可导出如下关系：

$$20\left(\lg\frac{\alpha}{T_2} - \lg\frac{1}{T_2}\right) = 20\lg\alpha = 34$$

由上式可解出

$$\alpha = 50$$

进而有

$$T_1 = \frac{0.5}{\alpha} = \frac{0.5}{50} = 0.01$$

滞后环节的时间常数 T_2 由对相位裕度的要求$\gamma = 45°$确定：

$$\begin{aligned}\gamma &= 180° - 90° - \arctan 3.5T_2 + \arctan\frac{3.5T_2}{50} - \arctan 3.5\times0.167 - \arctan 3.5\times0.01 \\ &= \arctan 0.07T_2 - \arctan 3.5T_2 + 58° = 45°\end{aligned}$$

由上式解出

$$T_2 = 60.6$$

可取 T_2=65，那么校正环节的传递函数为

$$G_c(s) = \frac{0.5s+1}{0.01s+1}\cdot\frac{1.3s+1}{65s+1}$$

根据以上滞后-超前校正环节的设计步骤，可编写如下 MATLAB 程序，在 MATLAB 命令窗(Command Window)写入下列程序。

```
>>numq=180;                                    %校正前系统开环传递函数的分子向量
>>denq=conv([1 0], conv([0.167 1], [0.5 1]));
```

```
                                   %校正前系统开环传递函数的给定分母向量
>>[Gmq, Pmq, Wcgq, Wcpq]=margin(numq, denq);
                    %校正前系统的幅值裕度，相位裕度，幅值交界频率和相位交界频率
>>numc=conv([0.51], [1.3 1]);      %校正环节传递函数的分子向量
>>denc=conv([0.011], [65 1]);      %校正环节传递函数的给定分母向量
>>[num, den]=series(numq,denq, numc, denc);
                    %求出校正后系统的传递函数的分子、分母向量
>>[Gm, Pm, Wcg, Wcp]=margin(num, den);
                    %校正后系统的幅值裕度，相位裕度，幅值交界频率和相位交界频率
>>w= 0.01:1000;                    %设定频率范围
>>[magq, phaseq]=bode(numq, denq, w);  %计算校正前系统的幅值和相角
>>printsys(numc, denc)             %输出校正环节的传递函数
>>printsys(num, den)               %输出校正后系统的传递函数
>>[magc, phasec]=bode(numc, denc, w); %计算校正环节的幅值和相角
>>[mag, phase]=bode(num, den, w);  %计算校正后系统的幅值和相角
>>subplot(2, 1, 1);                %绘图分两部分显示，下图形显示在上方
>>semilogx(w, 20*log10(mag), w, 20*log10(magq),'--', w, 20*log10(magc), '-.' );
                                   %绘制幅频曲线
>>grid;                            %绘制栅格
>>ylabel('幅值(dB)');               %标注y轴
>>title('---Gq, -., Gc, GqGc ');   %定义标题
>>subplot(2, 1, 2);                %绘图分两部分显示，下图形显示在下方
>>semilogx(w, phase, w, phaseq,'--', w, phasec, '-.');   %绘制相频曲线
>>grid;                            %绘制栅格
>>ylabel('相位(°)');                %标注y轴
>>xlabel('频率(rad/sec)');          %标注x轴
>>title(['校正后：幅值裕度=', num2str(20*log10(Gm)), 'dB,', '相位裕度
 =',num2str(Pm), '°']);
                                   %显示相关数值
```

运行结果：

```
num/den =
     0.65 s^2 + 1.8 s + 1
   ----------------------------%校正环节的传递函数
   0.65 s^2 + 65.01 s + 1


num/den =
                        117 s^2 + 324 s + 180
   ----------------------------%校正后系统的传递函数
   0.054275 s^5 + 5.8619 s^4 + 44.0952 s^3 + 65.677 s^2 + s
```

由图 6.45 可见，系统的相位稳定裕度约为46.6°，幅值稳定裕度约为28.1dB，满足本题要求。

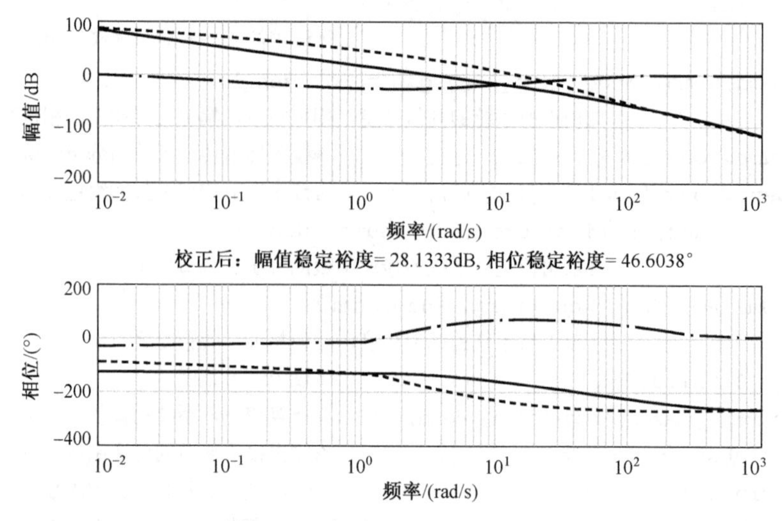

图 6.45　系统校正前后的 Bode 图

4. PID 控制器的控制特性

PID 控制有多种应用形式，如 P、PI、PID 等，下面通过具体实例分析比例、积分、微分各环节的控制作用。

例 6.4　考虑一个三阶对象模型 $G(s)=\dfrac{1}{(s+1)^3}$，研究分别采用 P、PI、PID 控制策略下闭环系统的阶跃响应。

解：

1) 建立加入 PID 控制器的系统模型

PID 由比例模块和两个传递函数模块组成。其具体建立步骤如下。

(1) Simulink 的启动：在 MATLAB 命令窗口中键入“simulink”，弹出 Simulink Library Browser 浏览器窗口。该窗口的左下分窗以树状列表的形式列出了当前 MATLAB 系统中安装了的 Simulink 模块。

(2) 在 Simulink Library Browser 浏览器窗口上方的工具栏中选择“建立新模型”图标🗋，则弹出一个名为 Untitled(无标题)的空白窗口，如图 6.46 所示，所有控制模块框图都在这个窗口中创建。可以将 Untitled 文件保存为名为“pid”的文件。

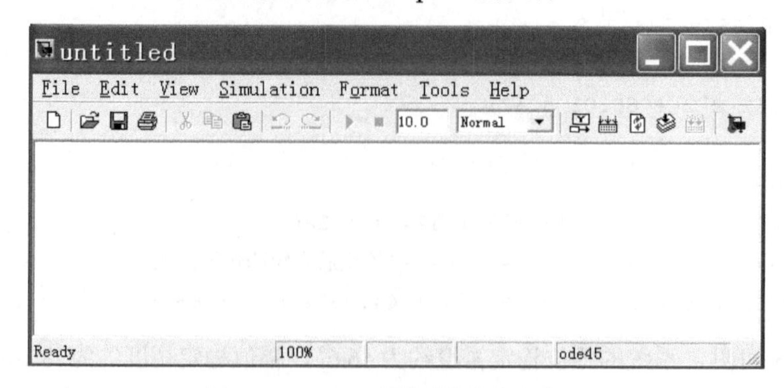

图 6.46　Untitled(无标题)的空白窗口

(3) 在 Simulink Library Browser 浏览器窗口中依次查找 Step、Sum、Gain、Transfer Fcn、Zero-Pole 和 Scope 模块，并直接用鼠标拖动(选中模块，按住鼠标左键不放)到 Pid 窗口，其中，Sum 和 Transfer Fcn 模块分别拖拽两个。

(4) 用鼠标可以在功能模块的输入与输出端之间直接连线。其方法是先移动鼠标到输出端，鼠标的箭头会变成“十”字形光标，这时按住鼠标左键，拖拽至另一个模块的输入端，当“十”字形光标出现“重影”时释放鼠标即完成连接。在连线之前，需对 Sum1 模块进行重新设置，因为该模块的默认输入是 2 个正输入，而本例题需要 3 个正输入，其具体设置方法是用鼠标双击 Sum1 模块，于是出现如图 6.47(a) 所示的参数设置对话框，在 List of signs 栏中再输入一个“+”，即如图 6.47(b) 所示。用同样的方法，将 Sum 模块原来的 2 个正输入，重新设定为 1 个正输入和 1 个负输入，设置方法如图 6.48 所示。在连线时，比例模块 Gain 的输出需要做连线的分支，其具体方法是按住鼠标右键，在需要分支的地方拉出即可。

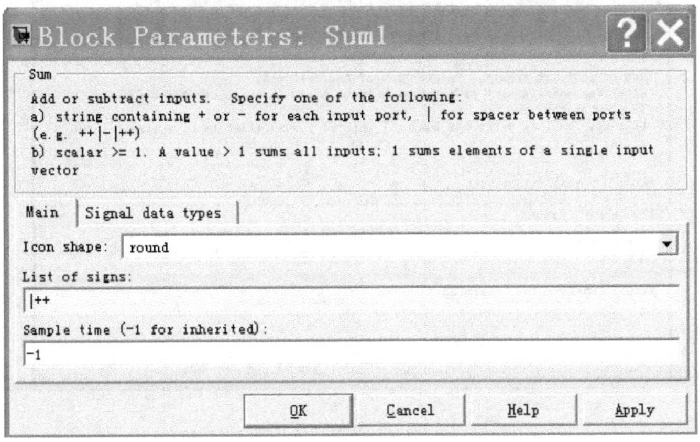

Block Parameters: Sum1

Sum

Add or subtract inputs. Specify one of the following:
a) string containing + or - for each input port, | for spacer between ports (e.g. ++|-|++)
b) scalar >= 1. A value > 1 sums all inputs; 1 sums elements of a single input vector

Main | Signal data types

Icon shape: round

List of signs: |++

Sample time (-1 for inherited): -1

OK　Cancel　Help　Apply

(a)

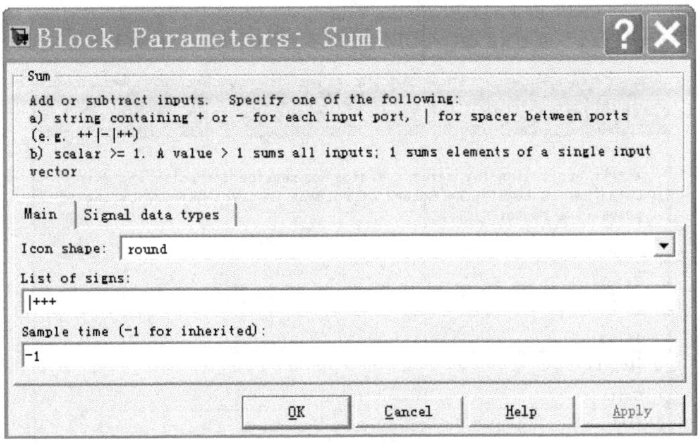

Block Parameters: Sum1

Sum

Add or subtract inputs. Specify one of the following:
a) string containing + or - for each input port, | for spacer between ports (e.g. ++|-|++)
b) scalar >= 1. A value > 1 sums all inputs; 1 sums elements of a single input vector

Main | Signal data types

Icon shape: round

List of signs: |+++

Sample time (-1 for inherited): -1

OK　Cancel　Help　Apply

(b)

图 6.47　Sum1 模块的参数设定窗口

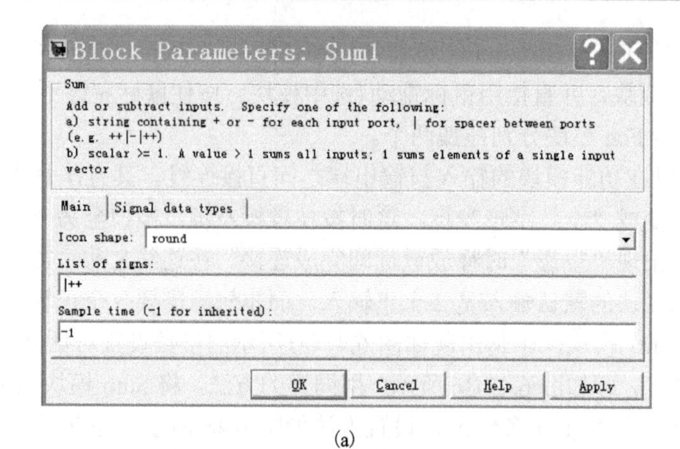

(a)

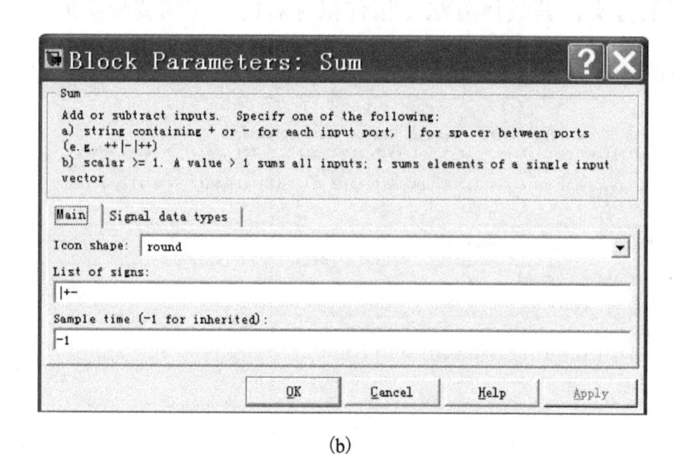

(b)

图 6.48　Sum 模块的参数设定窗口

(5)定义系统传递函数：双击 Zero-Pole 模块，弹出如图 6.49(a)所示的参数设定模块，

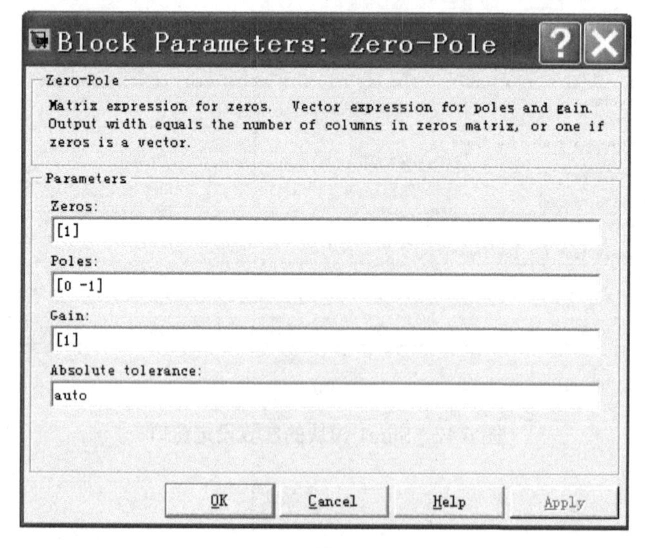

(a)

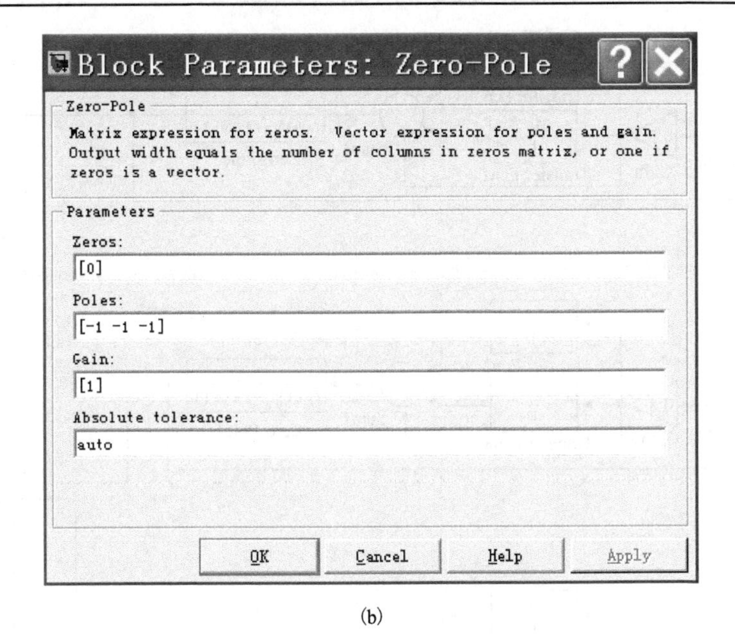

(b)

图 6.49　Zero-Pole 模块的参数设定窗口

题目给定传递函数，其中 3 个极点均为–1，没有零点，且增益是 1，所以设置如图 6.49(b)所示。最终建立的框图如图 6.50 所示。

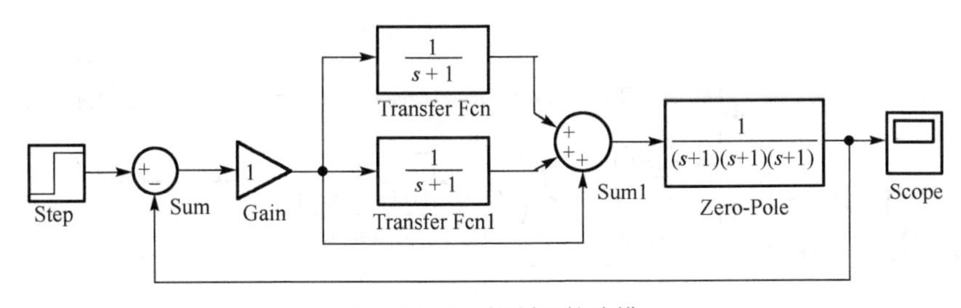

图 6.50　PID 控制器的建模

2) 采用 P 控制时

K_P取值在 0.2～2.0 变化，变化增量为 0.6，则控制器的框图设置如图 6.51 所示，该框图是在原来模块的基础上增加了一个 Mux 模块，其他模块复制然后连接即可。相应的闭环阶跃响应曲线如图 6.52 所示。由图可见，当 K_P 值增大时，系统响应速度加快，幅值增大。当 K_P 值达到一定值后，系统将会不稳定。

3) 采用 PI 控制时

令 $K_P = 1$，T_i 取值在 0.7～1.5 变化，变化增量为 0.2，则控制器的框图设置如图 6.53 所示，该框图的结构与图 6.51 很相似，只是多加了一路信号，将 Mux 模块设为 5 个输入端。相应的闭环阶跃响应曲线如图 6.54 所示。PI 控制的作用是消除静差。由图 6.54 可见，当 T_i 值增大时，系统超调量变小，响应速度变慢；若 T_i 值变小，则超调量增大，响应加快。

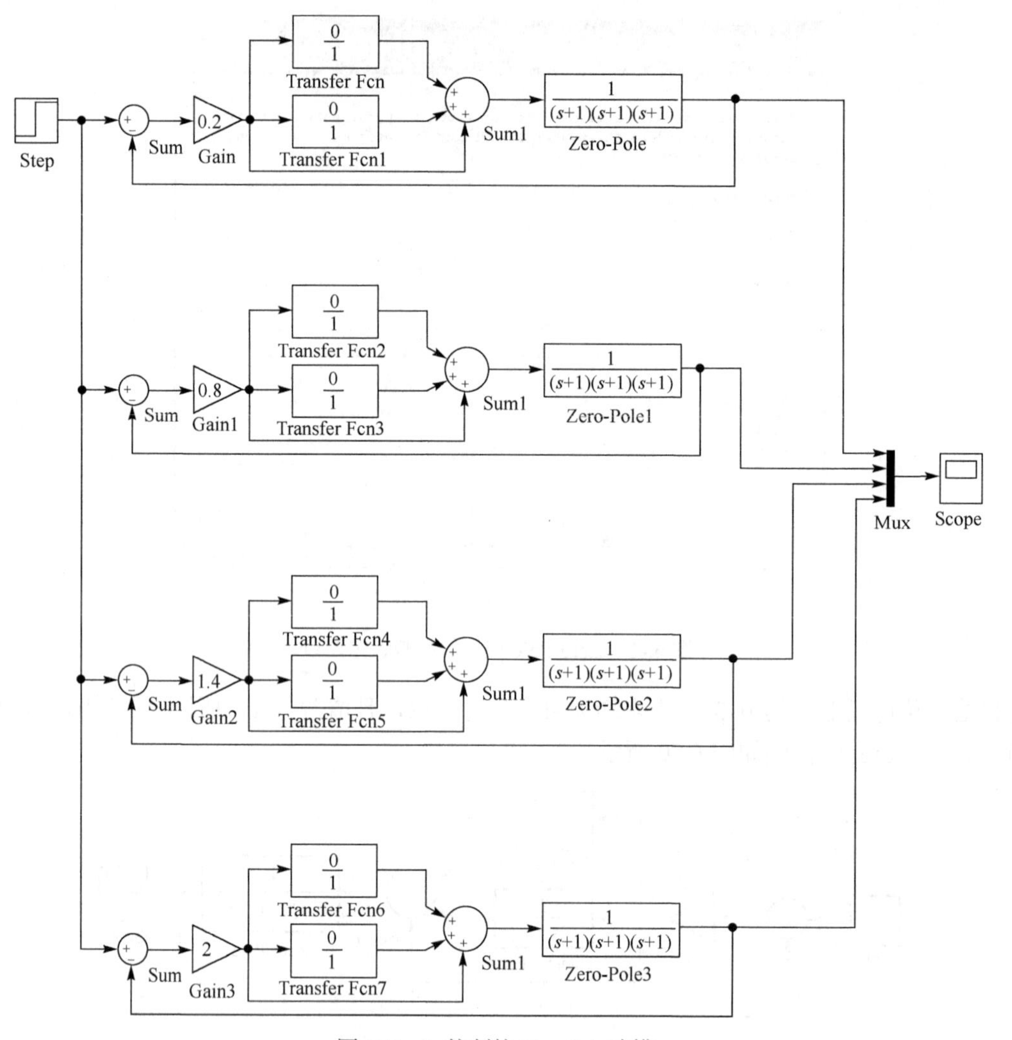

图 6.51　P 控制的 Simulink 建模

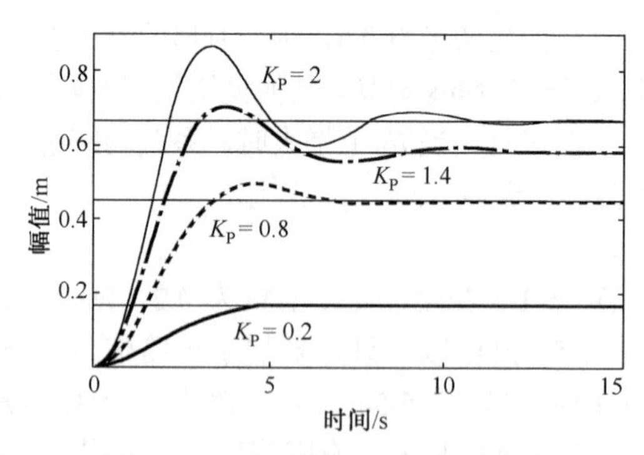

图 6.52　P 控制的闭环阶跃响应曲线

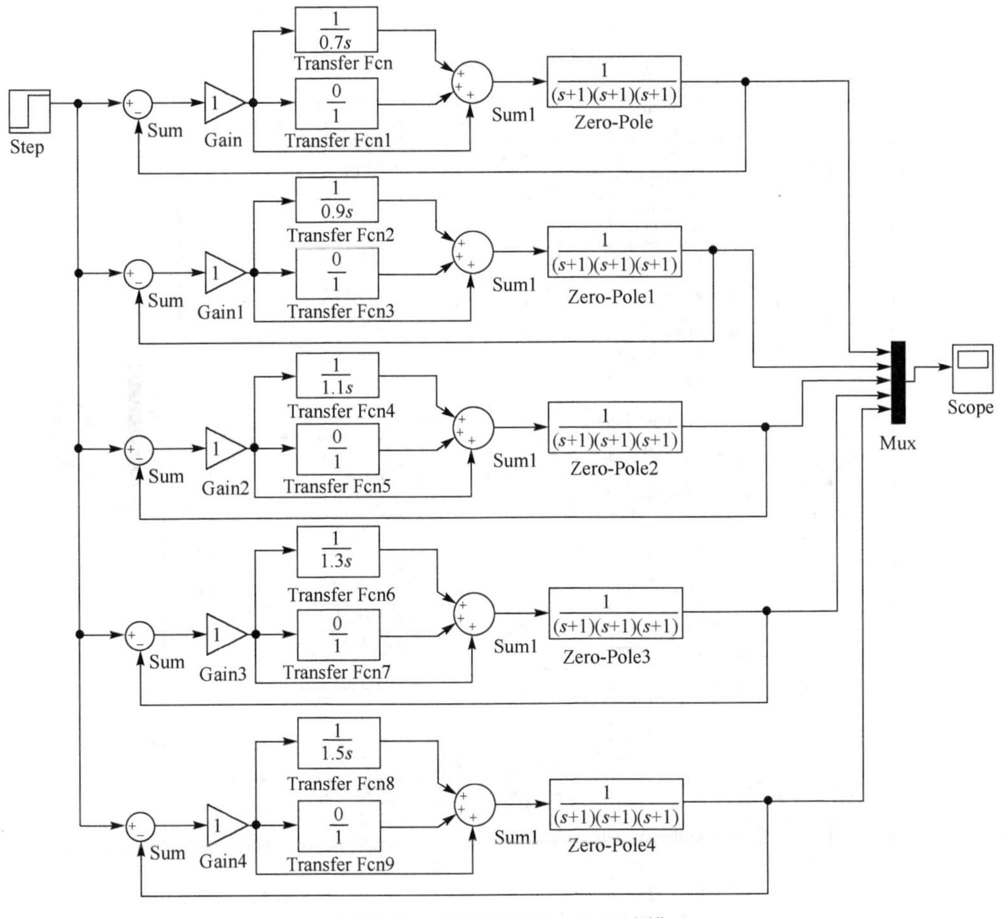

图 6.53　PI 控制的 Simulink 建模

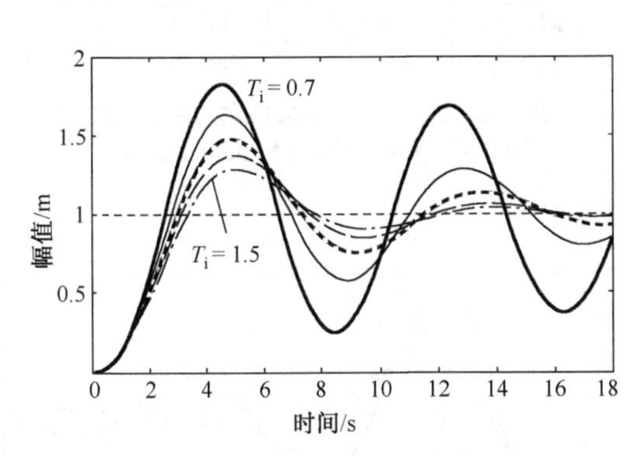

图 6.54　PI 控制的闭环阶跃响应曲线

4）采用 PID 控制时

令 $K_P = T_i = 1$，T_d 取值在 0.1～2.1 变化，变化增量为 0.4，则控制器的框图设置如图 6.55 所示，该框图的结构与图 6.51 也很相似，只是 Mux 模块变为 6 个输入端。相应的闭环阶跃响应如图 6.56 所示。由图 6.56 可以看出，当 T_d 增大时，系统的响应速度加快，超调量减小。

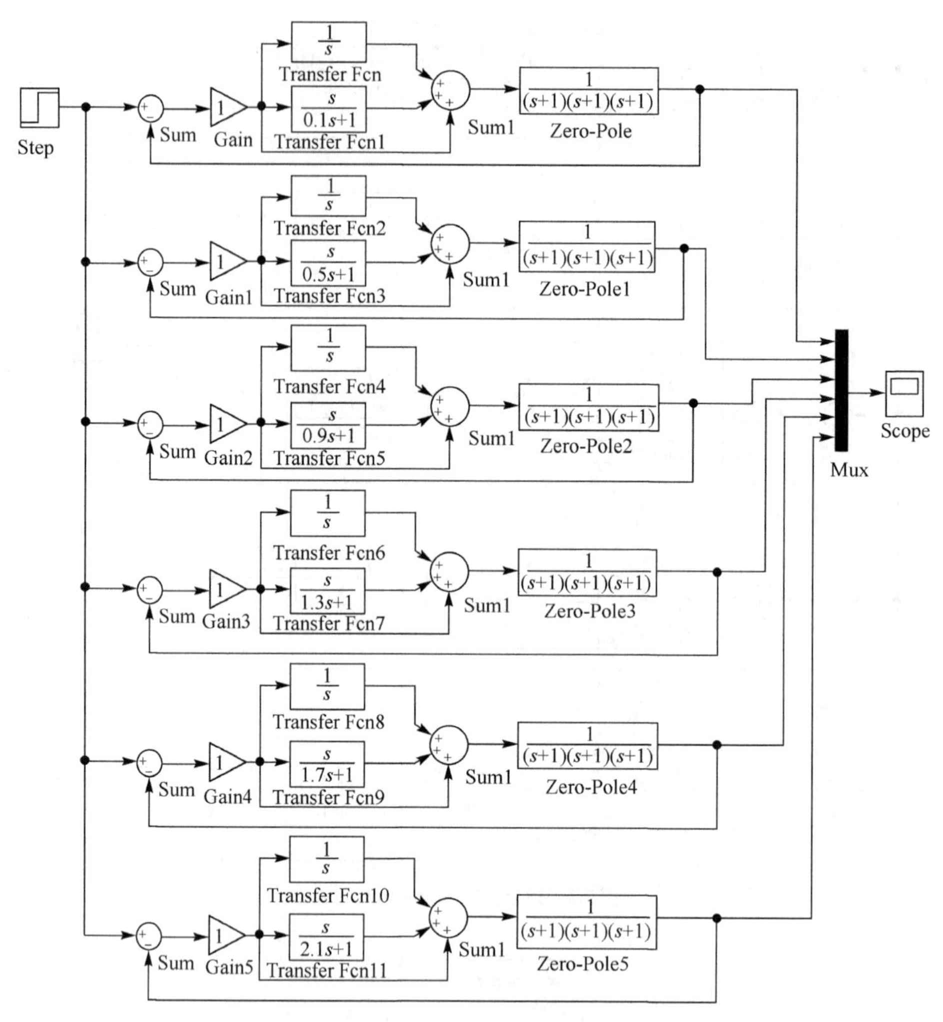

图 6.55　PID 控制的 Simulink 建模

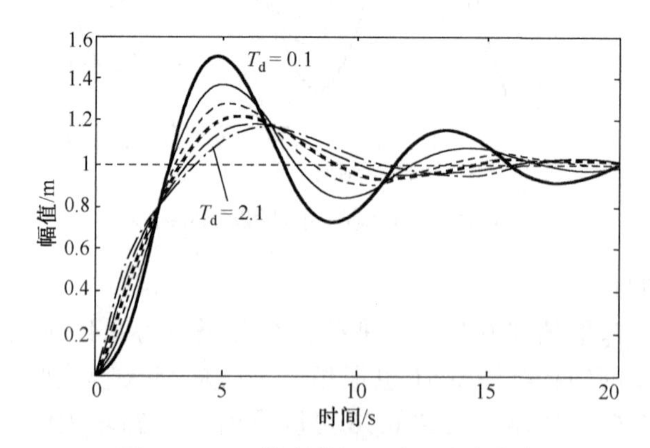

图 6.56　PID 控制的闭环阶跃响应曲线

6.7 思　考　题

1．控制器能够校正系统响应性能的本质原因是什么？

2．PID 控制器的作用是什么？比例、积分、微分环节是怎样影响系统响应性能的？

3．MATLAB 实验练习：如图 6.57 所示系统，请调节 PID 参数，使系统的输出状态达到最佳。

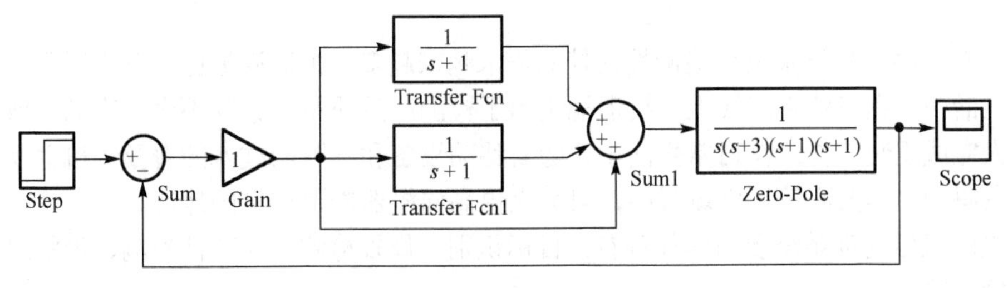

图 6.57　PID 控制系统

第 7 章　机器视觉实验

7.1　引　　言

由于对产品质量记录及可追溯性文档的需求越来越多，机器视觉已广泛应用于生产过程及日常生活中。在工业生产线上，机器视觉用于检测产品质量以剔除不合格产品，或用于指导机器人完成组装工作；在日常生活中，随着移动设备和互联网技术的普及，机器视觉应用于一维条码和二维条码等识别场景中，可大大提高向机器输入信息的速度。

常见的机器视觉系统参与的任务有：目标识别、位置检测、完整性检测、形状尺寸检测及表面检测等。

本章将结合“大恒图像教学实验系统”开展机器视觉实验。

实验目的：了解机器视觉的原理，熟悉机器视觉实验的操作，通过对实验台相机的参数和位置、镜头的参数、光源种类、光源的放置位置、光源的亮度、实验台的速度等参数进行设置，掌握机器视觉系统的基本结构、原理及操作流程；结合 SVB 教学软件的使用，加深对图像识别的基本概念、程序结构和指令的理解；使学生更好地理解图像识别的工作原理，合理地进行视觉实验。

实验内容：

(1) 基于可变形定位技术的在线包装检测。

(2) 在线划痕检测。

(3) 在线印刷缺陷检测。

(4) 二维码识别。

实验要求：掌握机器视觉系统的基本结构、原理及操作流程；了解图像处理与识别的算法流程。

7.2　基于可变形定位技术在线包装检测

7.2.1　应用简介

基于可变形定位技术在线包装检测是随着计算机技术的应用而发展起来的一种自动识别技术。在包装行业中，包装袋表面的图案因为各种原因会存在一定程度的形变，人工识别工作繁重，可靠性低，成本高；而用简单的模板匹配技术又无法识别。可变形定位技术在线包装检测允许样品与模板之间存在一定范围的差异，即进行外观具有一定形变的包装识别。

7.2.2　实验原理

实验采用基于 snake 模型思想的变形模板技术实现。将变形模板作为目标轮廓的高层先验知识来约束 snake 的形变，结合 B 样条曲线的良好性质，简化能量最小化过程，求解不需要迭代，因此检测速度快，实时性较好。

1. B 样条参数曲线

目标轮廓以式(7.1)的 B 样条参数曲线来表达：

$$\begin{aligned} r(s) &= (x(s), y(s)), \quad 0 \leqslant s \leqslant L \\ x(s) &= B(s)Q^x, \quad y(s) = B(s)Q^y \end{aligned} \tag{7.1}$$

其中，Q^x 为控制点序列的 x 坐标组成的向量；$B(s)$ 为样条基向量，定义控制向量 $q=(Q^xQ^y)^{\mathrm{T}}$。当轮廓初始化结束后，$B(s)$ 恒定，向量 Q 与样条轮廓曲线存在一一对应关系。B 样条函数具有连续、光滑等诸多优点；而且能够以较少的控制点表达复杂的轮廓造型，可通过设置多重节点改变曲线的局部连续性，进而表示角点、不可导点。

2. 变形模板

当目标几何形状的一些先验知识已知且可以由若干参数表述时，运用变形模板即可有效进行目标轮廓检测与跟踪。变形模板为一条闭合或非闭合的 B 样条参数曲线，该曲线受形状先验知识的约束，形变范围有限，且形变可以由若干个参数表达。

以最简单情况为例，假设目标几何形状的可变化范围为欧几里得变化，即只包括旋转、平移、尺度变化，则用 4 个参数即可完全表示目标的形变。图 7.1 为一简单变形模板实例，原始轮廓形状通过改变参数向量 $X=(x, y, \mathrm{Scale}, \theta)$ 可产生不同位置的不同形状，x、y 分别为水平和垂直平移量，Scale 为尺度因子，θ 为转角。

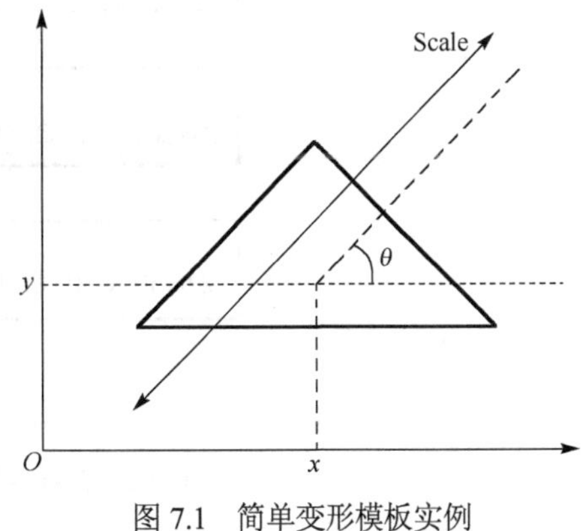

图 7.1　简单变形模板实例

在没有变形模板约束时，B 样条参数曲线的形变是任意的，其变化范围记作样条空间 S_Q,其元素为样条控制向量 Q。变形模板的可变化范围先验已知，为其建立形状空间 S_X，其元素为形状参数向量 X，形状空间的准确定义如下。

对于任意的 $X \in S_X$，有

$$Q = WX + Q_0X = (x_0, x_1, x_2, x_3)^{\mathrm{T}} \tag{7.2}$$

其中，Q_0 为基准形状；W 为映射矩阵。

为了方便计算，可以调整参数向量 X 的结构，使空间 S_X 成为线性空间。因此，欧几里得变化的形状空间可以定义如下：

$$\begin{aligned} X &= (x_0, x_1, x_2, x_3)^{\mathrm{T}} \\ W &= \begin{bmatrix} 10Q_0^x & -Q_0^y \\ 10Q_0^y & Q_0^x \end{bmatrix} \end{aligned} \tag{7.3}$$

平移：　$x = x_0, y = x_1$

尺度：　$\text{Scale} = \sqrt{(1+x_2)^2 + x_3^2}$

旋转：　$\theta = \arctan(x_3, 1+x_2)$

其中，x_2 和 x_3 联合表示尺度和旋转变化，Q 和 X 经线性变化可互相转化。

7.2.3　算法逻辑流程图

图像处理的算法逻辑流程如图 7.2 所示。

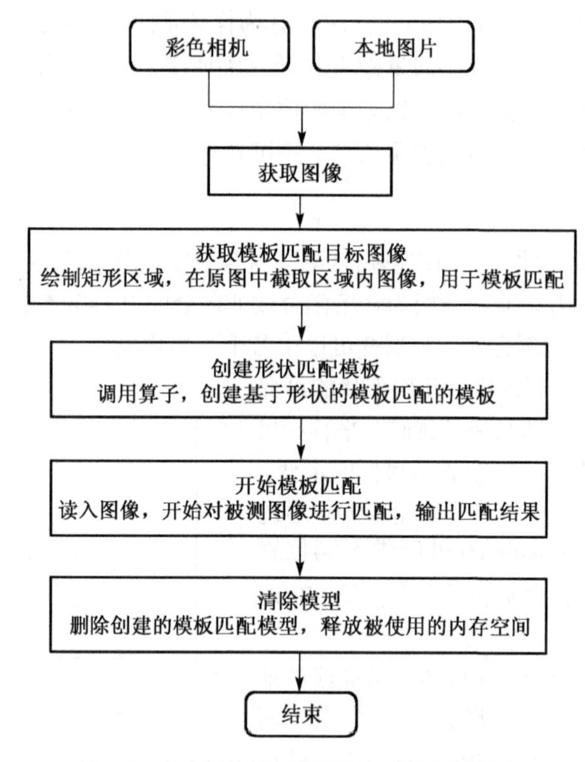

图 7.2　在线包装检测的图像处理的算法流程

7.2.4　软硬件操作步骤

1. 实验任务

检测如图 7.3 所示的包装样品。

图 7.3　在线包装检测的样品

2. 实验硬件的架设

1)旋转实验台操作指南

(1)实验台启停步骤。

步骤 1：将实验台的三相电源线插入插排，给实验台通电。

步骤 2：将实验台的上电开关打开，稍等片刻，实验台的屏幕会进入待机界面，如图 7.4 所示。

图 7.4　打开上电开关

步骤 3：当看到实验台屏幕进入如下界面时，表示实验台启动成功，如图 7.5 所示。

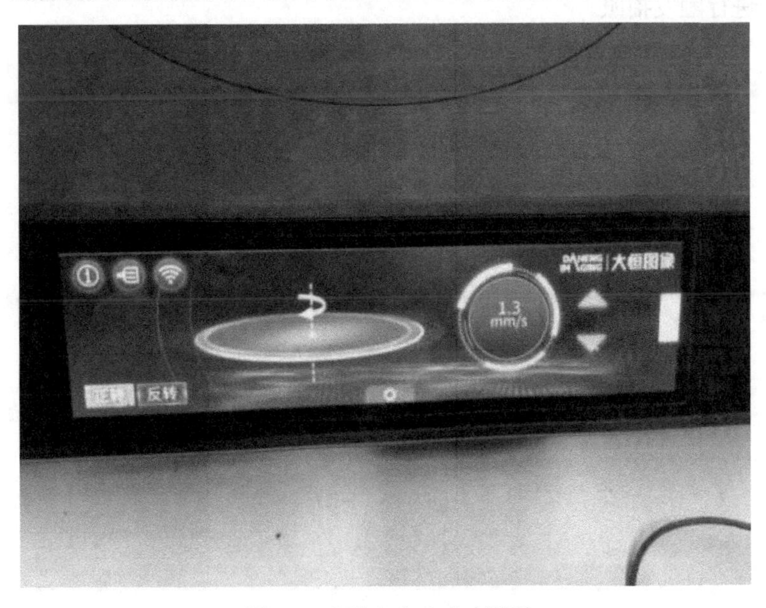

图 7.5　实验台启动成功界面

步骤 4：弹开红色的“急停”按钮，再单击“启动”按钮，此时实验台即可进入旋转运动状态，如图 7.6 所示。

步骤 5：按下“急停”按钮，或者按下“启动”按钮，都可以使实验台停止运行。

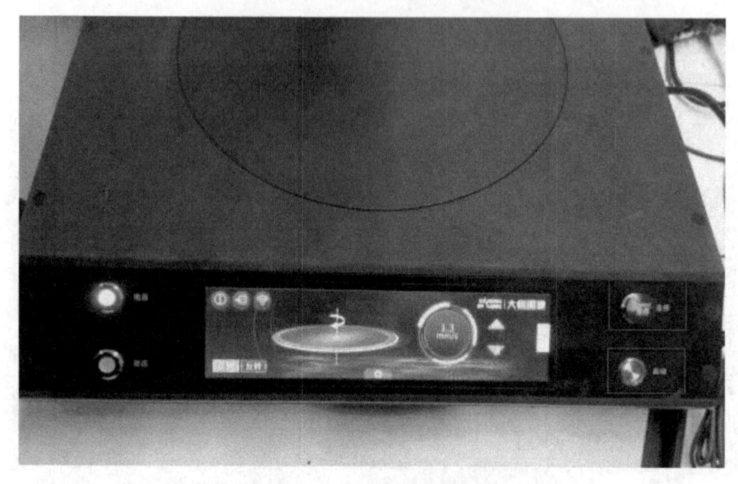

图 7.6　实验台启停方法

(2)实验台触发拍照设置。

相机是在实验台处于高速运动状态下进行拍照的。将待测物置于实验台的转盘上，当待测物跟随转盘旋转至相机的触发拍照位置时，相机拍摄一幅照片。实验台旋转 1 圈，相机可以在至多 8 个固定位置被触发，进行定点拍照。

步骤 1：在触发拍摄位置放置待测物。如图 7.7 所示，可在实验台上的 8 个卡槽处放置待测物，以备进行触发拍照。

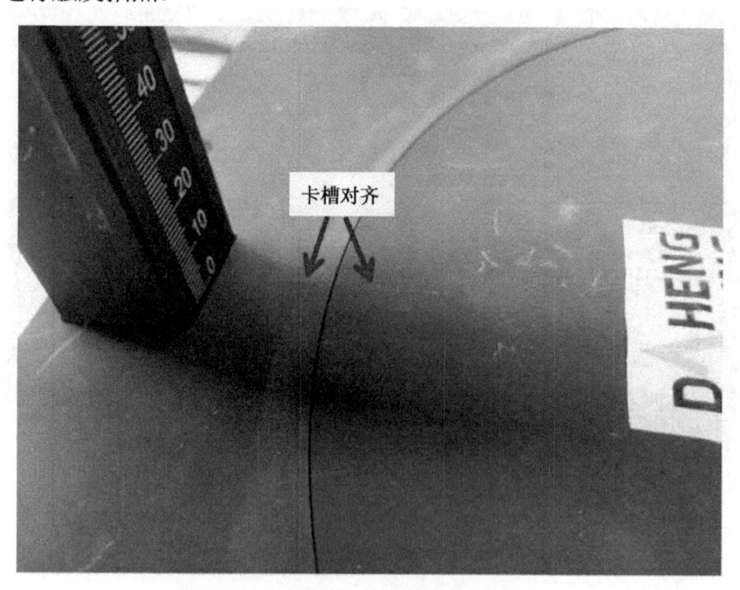

图 7.7　触发拍摄位置的对齐

步骤 2：触发拍摄位置的启停。如图 7.8 所示，转盘外圈的 8 个拍照卡槽分别对应实验台后侧的 8 个触发拍照启停开关，其中开关打向“ON”侧为开启状态，另一侧为关闭状态。

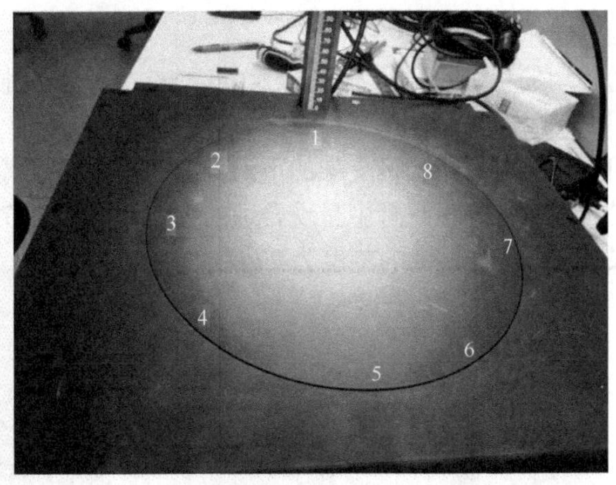

图 7.8　触发拍照启停开关

步骤 3：如图 7.9 所示，可打开触发位置“1”的开关，在触发位置“1”对应位置放置待测物。

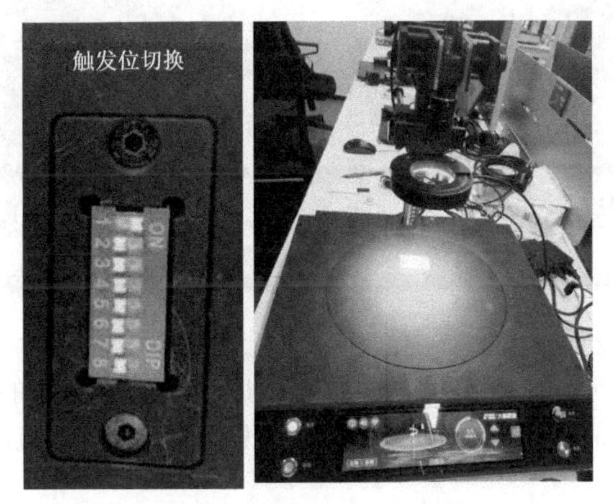

图 7.9　放置待测物示意图

(3) 实验台旋转方向和速度设置。

如图 7.10 所示，实验台可以通过“触屏”按钮设置正反转及旋转的速度。为了达到最佳实验效果，本实验需要设置旋转速度为 1.3mm/s，正反转皆可。

图 7.10　实验台速度设置

2)相机操作指南

实验使用的相机，型号为 MER2-160-227U3C。相机操作中需要调节的参数如下。

(1)相机工作距离设置。

相机的工作距离指相机支架的下沿到实验平台的距离，如图 7.11 所示。

为使待测物在相机视野中呈现合适的大小，需要调节合适的工作距离。经测试，使得本实验效果最佳的工作距离的刻度为 274，如图 7.12 所示。

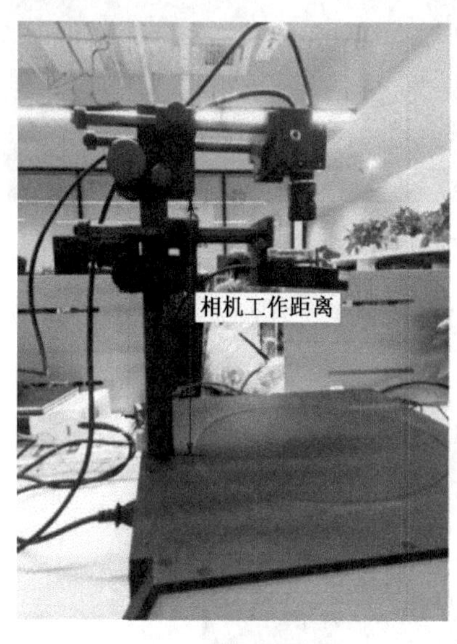

图 7.11　相机工作距离示意图

图 7.12　最佳工作距离刻度

(2)相机前后位置设置。

松开箭头指示的两侧旋钮，按照相机支杆上的刻度，前后调整相机的位置，如图 7.13 所示。

前后移动相机支架时，使待测物处于相机的视野中心。最佳相机前后位置刻度为 32，如图 7.14 所示。

图 7.13　相机前后位置调整

图 7.14　最佳的相机前后位置刻度

3)镜头操作指南

影响实验效果的主要参数为镜头光圈和聚焦环，两个参数在实验中的设置方法和设置原则如下。

(1)镜头光圈设置原则。

应保证拍摄的图像亮度合适，不过曝、不过暗。如图 7.15 所示，可微调光圈环来调整图像的亮度。

(2)镜头聚焦环设置原则。

聚焦环的作用是对镜头进行调焦，得到清晰的图像，如图 7.16 所示，图 7.16(a)和图 7.16(b)分别表示对焦不清晰的图像和对焦清晰的图像。

图 7.15　镜头光圈参考值

(a)对焦不清晰图像

(b)对焦清晰图像

图 7.16　镜头对焦图像对比

调节原则：调节图 7.17 中红色箭头所指的镜头的聚焦环，直至图像成像清晰。

4)光源操作指南

本实验需要的光源为环形光源，打光方案如下。

(1)光源高度设置。

如图 7.18 所示，光源高度指光源支架下沿到实验平台的距离。

经过测试，本实验最佳效果对应的光源高度的刻度为 156，如图 7.19 所示。

(2) 光源前后位置设置。

光源前后位置的调整如图 7.20 所示。松开箭头指示的两侧旋钮，前后移动光源支架，使相机处于环形光源中心位置。本实验最佳效果对应的光源前后位置刻度为 26，如图 7.21 所示。

图 7.17　聚焦环的调节

图 7.18　光源高度示意图

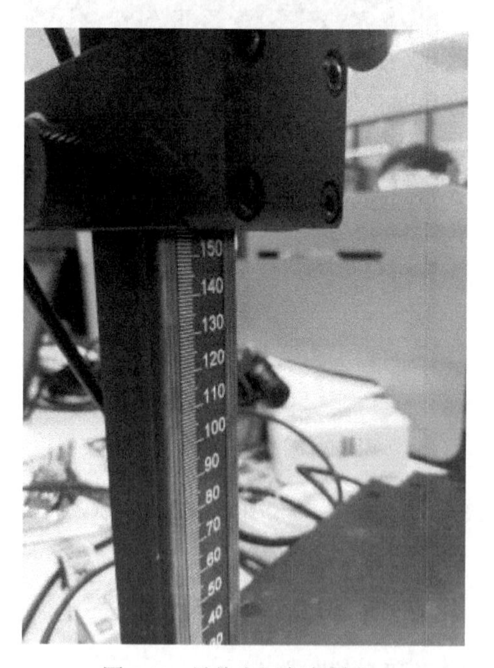

图 7.19　最佳光源高度刻度

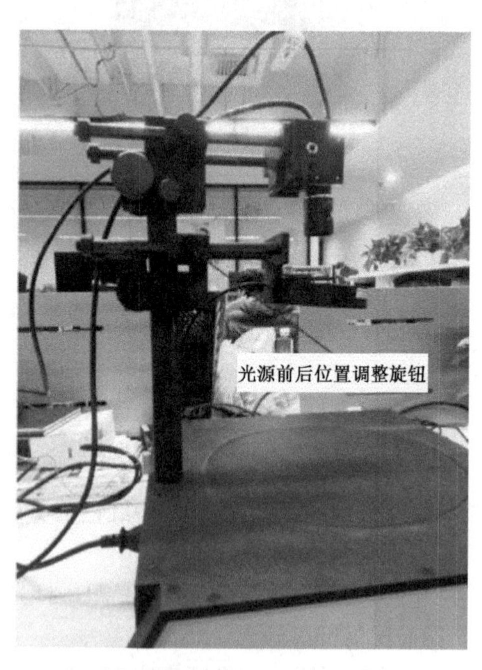

图 7.20　光源前后位置调整

图 7.21　最佳相机前后位置

(3) 光源亮度设置。

光源亮度需要光源控制器来控制，其参考值如图 7.22 所示，按动向上按键和向下按键可增减光源的亮度。

图 7.22　光源控制器面板

5) 待测物

待测物采用如图 7.23 所示的检测样品，按图示安装在实验台的触发位置。

图 7.23　检测样品

6）图像效果

实验时，应保证拍摄得到如图 7.24 所示的清晰且符合实验要求的图片。

图 7.24 理想拍摄效果

7）本章各实验的硬件参数建议值

上面介绍的在线包装检测实验的硬件参数建议值如表 7.1 中第 2 列所示，表中第 3、4 和 5 列对应给出了本章另外三个实验——在线划痕检测、在线印刷缺陷检测及在线二维码识别的硬件参数建议值。本章共四个实验的硬件架设操作步骤相同。

表 7.1 本章各实验硬件参数设置表

实验硬件参数	在线包装检测	在线划痕检测	在线印刷缺陷检测	在线二维码识别
相机工作距离刻度值	274	289	285	263
相机前后位置刻度值	32	8	32	8
曝光时间	1300	1300	900	500
光圈值	微调至图像亮暗合适			
聚焦环	微调至图像清晰			
光源高度刻度值	156	125	117	103
光源前后位置刻度值	26	19	26	0
光源控制器亮度	2255			
实验台旋转速度值	1.3			
实验台正反转设置	皆可			

8）关于本章其余三个实验图片的说明

在线划痕检测、在线印刷缺陷检测及在线二维码识别这三个实验的检测样品图片及理想拍摄效果分别如图 7.25～图 7.27 所示。

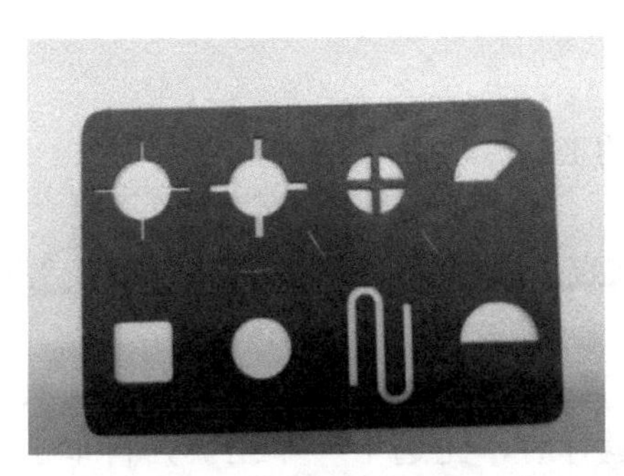

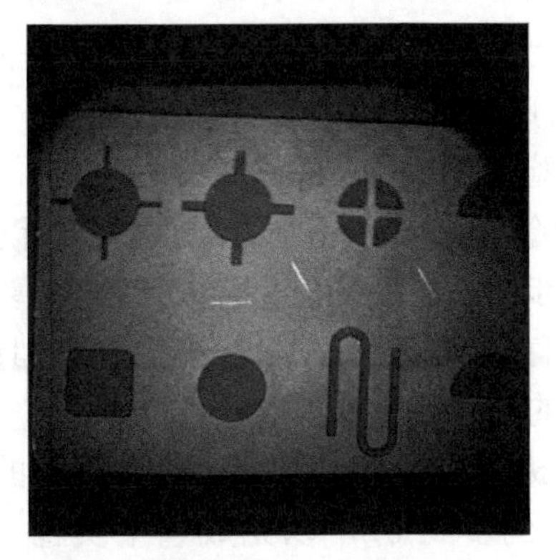

图 7.25　在线划痕检测图片及理想拍摄效果

图 7.26　在线印刷缺陷检测图片及理想拍摄效果

图 7.27　在线二维码识别图片及理想拍摄效果

3. 软件操作

1）准备

教学实验软件安装完成后，在计算机桌面找到“MVTec HDevelop”软件，双击图标进入系统。

单击“打开工程(O)...”后，在对话框中选择“基于可变形定位技术的在线包装检测”，再单击“打开”按钮，进入实验界面。

2) 实验流程内的工具

在实验界面的左下角显示如图 7.28 所示的工具栏。

3) 单步执行各工具或直接执行完整实验

实验有两种执行模式：单步执行各工具或直接执行完整实验。可分别单击“选择设备”栏右上方的两个运行按钮来实现。

单步执行：需要按照图 7.28 所示的工具栏从上到下依次运行每个工具，对应下面步骤 4) 到步骤 8)，以完成整个实验。运行时，先选中一个工具，再单击运行按钮，即可运行被选中的工具。以工具“图像输入”为例，单步执行后只输入(采集)一幅图像，并在窗口显示，如图 7.29 所示。

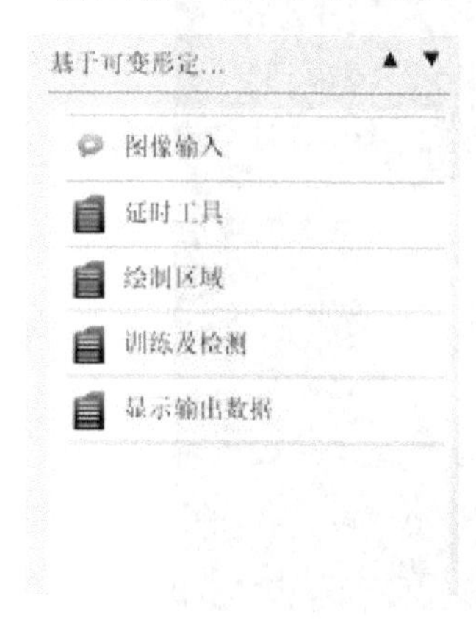

图 7.28　实验流程工具栏

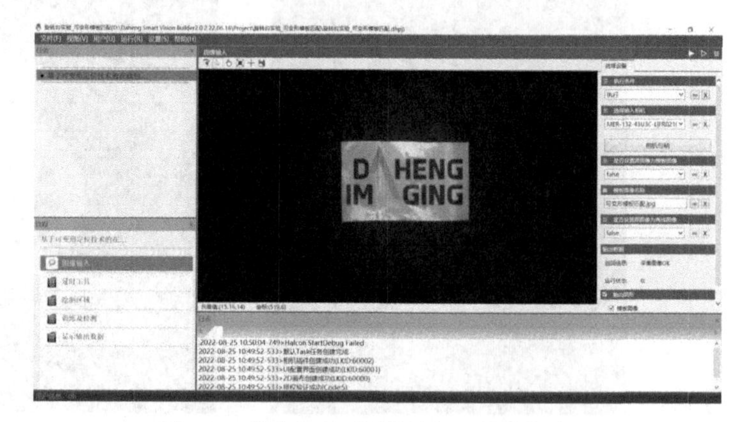

图 7.29　单步执行“图像输入”的操作结果

直接执行完整实验：单击运行按钮，系统会按照默认步骤执行全部实验内容并得到最终结果，如图 7.30 所示。若直接执行整个实验功能，以下从步骤 4)～步骤 8) 均不需要单步执行。

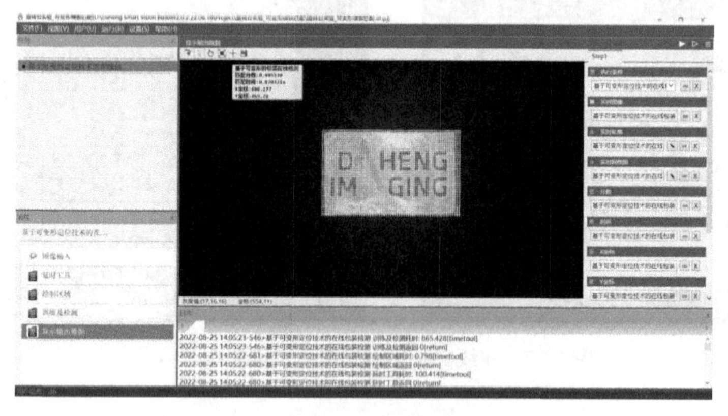

图 7.30　执行完整实验的最终结果

4) 图像输入

若单步执行，单击“图像输入”，再单击界面右侧的“相机句柄”，进入“相机插件”对话框，对图像输入进行设置。输入待检测图片或模板图片时，可选择在线或离线两种图像输入方式。

(1) 待检测图片的输入：可选择在线或离线两种方式。在线方式需要连接相机，采集实时照片；离线方式则选用系统自带的虚拟相机对应的本地文件夹中的照片。

(2) 原始模板的保存与选用操作：保存一张实时或离线图片作为模板，模板图片应完好且无变形，模板图片与接下来检测的图片是在同一拍摄条件下得到的。

离线模式——读取计算机预存的图片。如图 7.31 所示，在相机插件对话框中，先单击左侧树状栏中的虚拟相机；再勾选“VCAM_DIR”；然后单击“VCAM_DIR”后面的“…”图标 ... ，在弹出的窗口中，选中图片所在的文件夹，单击“确定”按钮，完成读取本地图片。

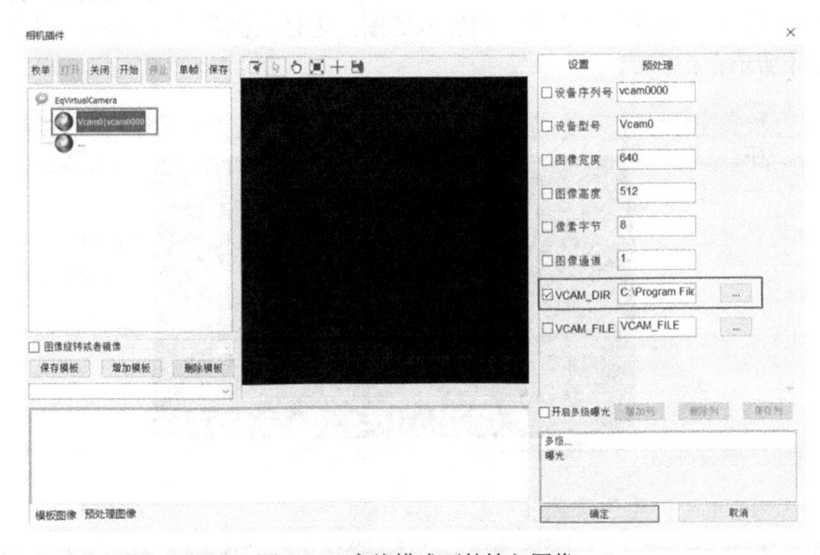

图 7.31　离线模式下的输入图像

在线模式——实时采集图像。相机连接好之后，先单击“枚举”按钮，刷新出已连接的相机，单击该相机，再顺序单击“打开” 打开 和“开始” 开始 按钮，即可实时采集，如图 7.32 所示。若采集到的图像对焦不清晰、图像偏绿或相机参数不合适，可在“相机插件”界面中进行“相机增益”、“相机曝光”和“相机白平衡”的调整。

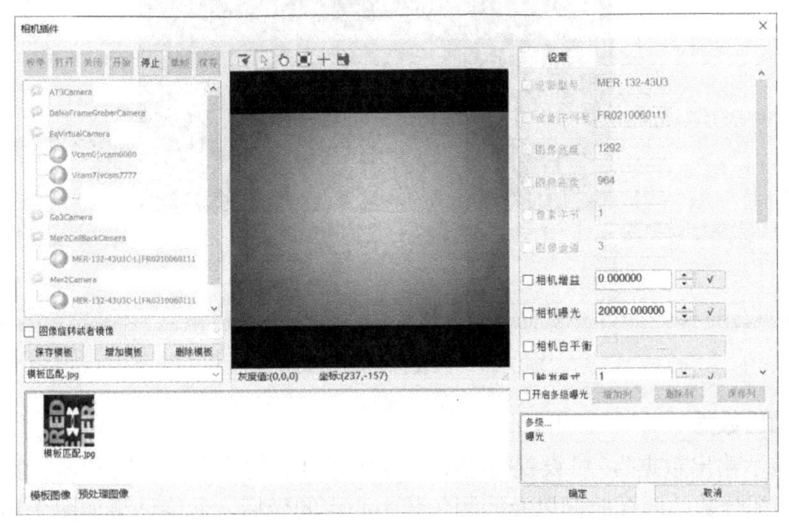

图 7.32　设置相机实时采集图像

设置好相机参数，得到理想的实验图像，单击“确定”按钮，回到实验主界面。

5）设置延时工具

运行“延时工具”，设置两张图片读入的时间间隔，此步骤可按系统默认值设置。

6）设置绘制区域

单击“绘制区域”，在模板图片上划定一块供训练及检测用的矩形区域。

7）训练及检测

单击“训练及检测”，进入“开始训练”栏，训练模板图像，训练结果及输出数据如图 7.33 所示；切换到“包装检测”栏，对输入的图像进行模板匹配及识别，识别结果及输出数据如图 7.34 所示。

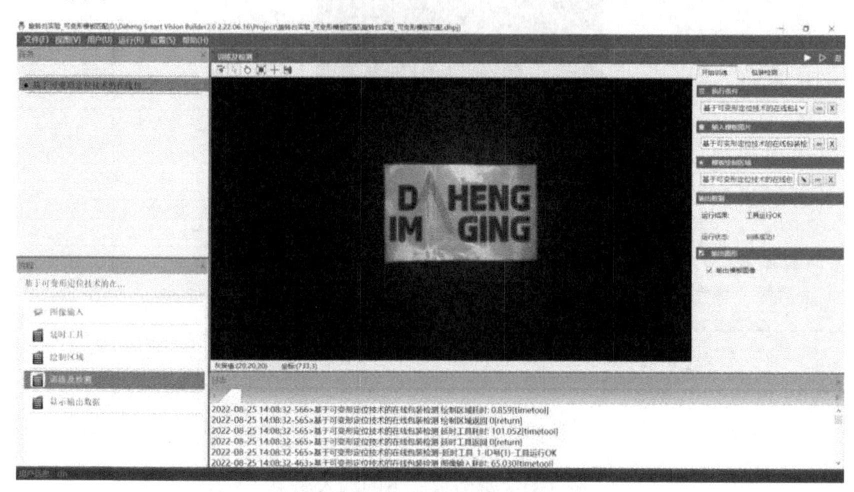

图 7.33　模板训练的完成界面

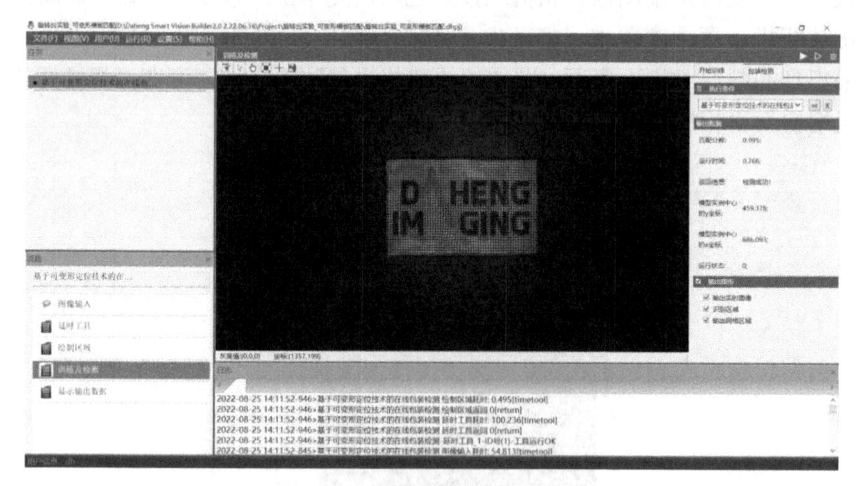

图 7.34　包装检测的完成界面

8）显示输出数据

单击“显示输出数据”，可设置检测结束时界面显示的信息：实时图像、实时轮廓、实时网格图、匹配分数、匹配时间以及检测包装中心点的坐标，最终结果如图 7.30 所示。

7.3　在线划痕检测

7.3.1　应用简介

产品表面检测是机器视觉行业的一个重要应用，划痕检测主要用于抛光材料表面的质检，常用于检测玻璃、金属、液晶板、手机屏幕等表面的划伤或脏污。

7.3.2　实验原理

当产品表面存在划痕缺陷时，表现为划痕处的灰度值与标准图像在此处的灰度值存在差异。表面划痕检测的步骤是阈值分割、二值形态学处理及特征提取。

1. 阈值分割

采用全局阈值分割区分图像中的目标与背景，如式(7.4)所示，设定一阈值 T 将图像分成大于 T 和小于 T 的两部分像素群。

$$f'(x,y)=\begin{cases}255, & f(x,y)\geqslant T\\ 0, & f(x,y)<T\end{cases} \tag{7.4}$$

此方法适用于灰度分布图有明显波谷的情况，如图 7.35 所示。

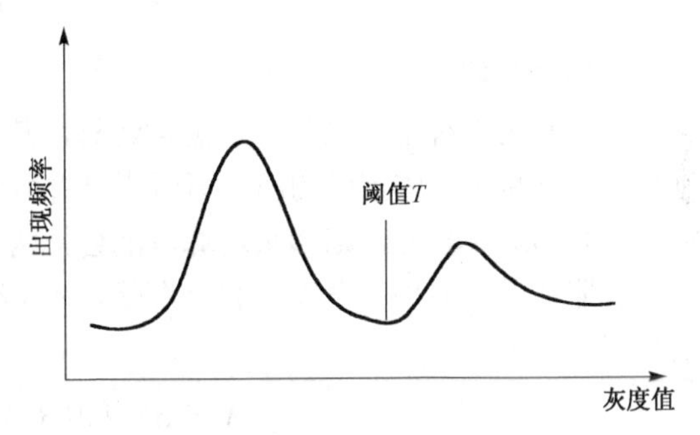

图 7.35　灰度分布图

2. 二值形态学处理

形态学图像处理原理：在图像中移动一个结构元素，将结构元素与二值图像进行交、并等集合运算。

基本的二值形态学运算有腐蚀、膨胀、开运算和闭运算。

1）图像腐蚀

腐蚀是一种基本的数学形态学运算，其作用是消除边界点，使边界向内部收缩。图像腐蚀可以用来消除小于结构元素且无意义的物体。选取不同大小的结构元素，可以消除不同大小的物体。

腐蚀的基本原理：设 X 为目标图像，B 为结构元素，则目标图像 X 被结构元素 B 腐蚀的数学表达式为

$$X\Theta B=\{x\,|\,(B)_x\subseteq X\} \tag{7.5}$$

其中，x 表示集合平移的位移量；Θ 是腐蚀运算的运算符。

腐蚀运算的含义：每当在目标图像中找到一个与结构元素相同的子图像时，就把该子图像中与结构元素的原点(一般把结构元素的参考点称为原点，原点可以选择在结构元素之中，也可以选择在结构元素之外)位置对应的像素位置标注出来，目标图像上被标注出来的所有像素组成的集合，即为腐蚀运算的结果。其实质就是在目标图像上标出与结构元素相同的子图像原点位置的像素。

图 7.36 示意了用结构元素 B 对目标图像 X 进行腐蚀运算的过程和结果。图 7.36(a) 中的白色部分代表背景，灰色部分代表目标图像 X。图 7.36(b) 是结构元素 B，其原点位置用黑色标注。图 7.36(c) 中的黑色部分表示腐蚀后的结果，灰色部分表示目标图像被腐蚀掉的部分。腐蚀运算后，二值图像减小一圈。

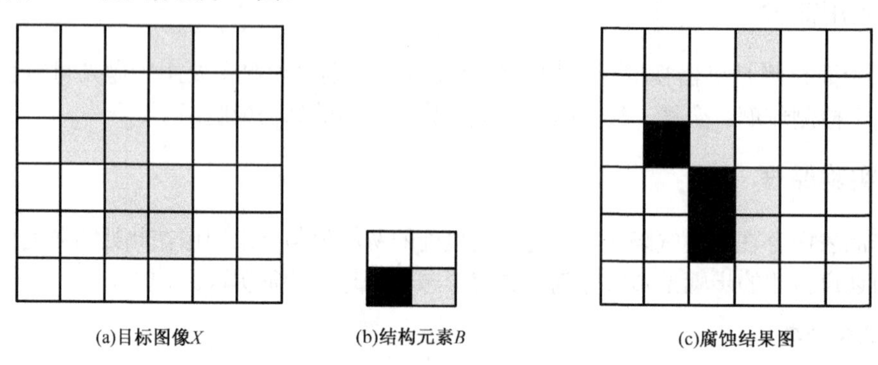

(a)目标图像X　　(b)结构元素B　　(c)腐蚀结果图

图 7.36　图像的腐蚀运算

2) 图像膨胀

膨胀是另一种基本的数学形态学运算，其作用与腐蚀刚好相反，是对二值化物体边界点进行扩充，将与物体接触的所有背景点合并到该物体中，物体的边界向外部扩张。如果两个物体之间的距离较近，则膨胀运算可能会把两个物体连通。

膨胀的基本原理：设 X 为目标图像，B 为结构元素，则目标图像 X 被结构元素 B 膨胀的数学表达式为

$$X \oplus B = \{x \mid (B^{\mathrm{V}})_X \cap X \neq \varnothing\} \tag{7.6}$$

其中，x 表示集合平移的位移量；$\oplus$ 是膨胀运算的运算符。

膨胀运算的含义：每当在目标图像中找到一个与结构元素相同的子图像时，就把该子图像中与结构元素的原点位置对应的像素位置标注出来，目标图像上被标注出来的所有像素组成的集合，即为膨胀运算的结果。其实质就是在目标图像上标出与结构元素相同的子图像原点位置的像素。

图 7.37 即为用结构元素 B 对目标图像 X 进行膨胀运算的过程和结果。图 7.37(a) 中的白色部分代表背景，灰色部分代表目标图像 X。图 7.37(b) 是结构元素 B，其原点位置用黑色标注。图 7.37(c) 为结构元素 B 关于其原点的反射集合 B^{V}。图 7.37(d) 是膨胀运算的结果，其中灰色部分为原来的目标图像，黑色部分表示膨胀处理后较原目标图像增加的部分。

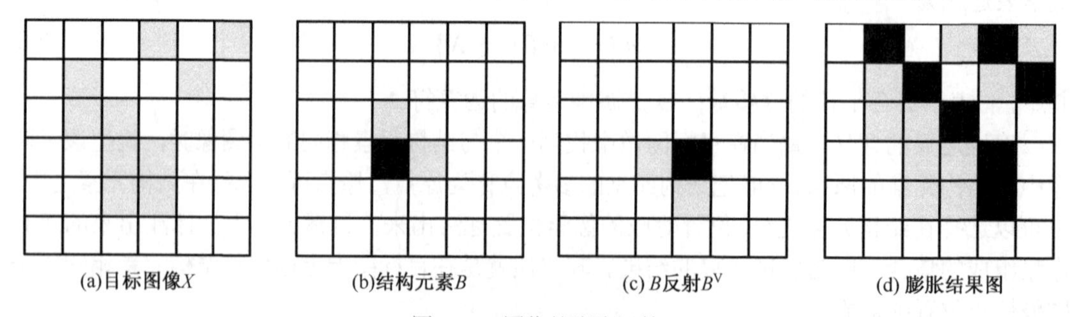

(a)目标图像X　　(b)结构元素B　　(c) B反射B^{V}　　(d) 膨胀结果图

图 7.37　图像的膨胀运算

3）图像开运算

先腐蚀后膨胀的过程称为开运算。开运算能够消除小物体，在纤细点处分离物体，平滑较大物体边界的同时不明显改变其面积。

图7.38为用结构元素 B 对目标图像 X 进行开运算的过程和结果。图7.38(a)中的白色部分代表背景，灰色部分代表目标图像 X，图7.38(b)是结构元素 B，原点位置用黑色标注，图7.38(c)为结构元素 B 对目标图像 X 的腐蚀结果，图7.38(d)是结构元素 B 对图7.38(c)的膨胀运算的结果，目标图像中比结构元素 B 小的成分被消除了。图7.38(c)和图7.38(d)中的黑色部分表示运算结果，灰色部分表示目标图像被腐蚀掉的部分。综上可知，开运算与腐蚀运算均能消除图像中比结构元素 B 小的成分，开运算比腐蚀运算更能较好地保持图像中目标的大小。

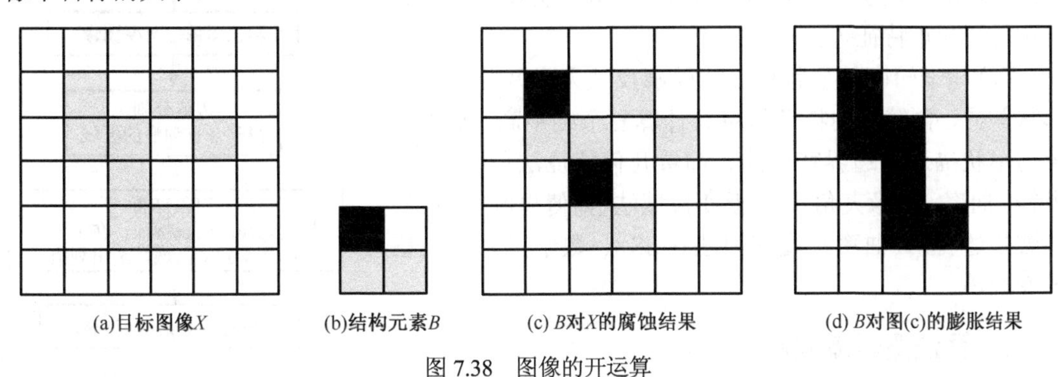

图7.38　图像的开运算

4）图像闭运算

先膨胀后腐蚀的过程称为闭运算。闭运算可以填充物体内细小空洞，连接邻近物体，平滑其边界的同时不明显改变其面积。

图7.39示意了用结构元素 B 对目标图像 X 进行闭运算的过程和结果。图7.39(a)代表目标图像 X，图7.39(b)是结构元素 B，其原点位置用黑色标注，图7.39(c)为结构元素 B 对目标图像 X 的膨胀结果，图7.39(d)是结构元素 B 对图7.39(c)的腐蚀运算的结果，目标图像中比结构元素 B 小的成分经闭运算被填充了。图7.39(c)和图7.39(d)中的灰色部分表示原来的目标图像，黑色部分表示运算后与原目标图像相比增加的部分。综上可知，闭运算与膨胀运算均能填充图像中比结构元素 B 小的小孔，但与膨胀相比，闭运算更能较好地保持图像中目标的大小。

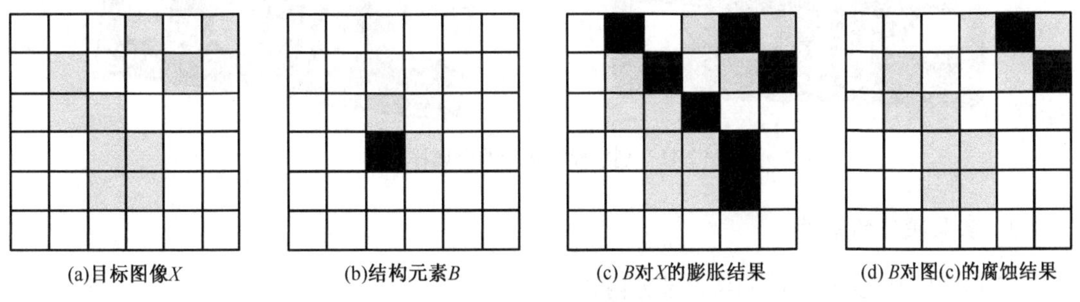

图7.39　图像的闭运算

3. 特征提取

形状特征是人类视觉进行物体识别时所需要的关键信息。它是一种稳定信息，不随周围的环境(如亮度等因素)的变化而变化。相对于纹理和颜色等底层特征而言，形状特征属于图像的中间层特征。在二维图像中，形状通常被认为是被封闭的轮廓线所包围的区域。

对形状的描述可分为基于区域形状与基于轮廓形状两类。

(1)基于区域的形状特征：利用目标轮廓包围区域内的所有像素获得描述区域性质的参数。这些参数可以是几何参数、密度参数，还可以是区域二维变换系数或傅里叶变换的能量谱。基于区域的形状特征主要有几何特征、拓扑结构特征和矩特征等。

(2)基于轮廓的形状特征：轮廓反映人类区分事物的形状差异，含较多的特征信息且计算复杂度不高。基于轮廓的形状描述有边界特征法、简单几何特征法(如周长、半径、曲率、边缘夹角)、基于变换域法(如傅里叶描述符、小波描述符)、曲率尺度空间法(CSS)、数学形态学、霍夫变换等。

彩色相机　本地图片
↓
获取图像
↓
彩色图像→灰度图像
↓
阈值分割
得到含有划痕的区域
↓
面积筛选
根据划痕的面积特征，在上一步筛选得到的区域筛选出划痕
↓
形态学处理划痕区域/显示

图 7.40　在线划痕检测的图像处理的算法流程

7.3.3　算法逻辑流程图

图像处理的算法逻辑流程如图 7.40 所示。

7.3.4　软硬件操作步骤

1. 实验任务

如图 7.41 所示，检测金属样品表面的划痕。

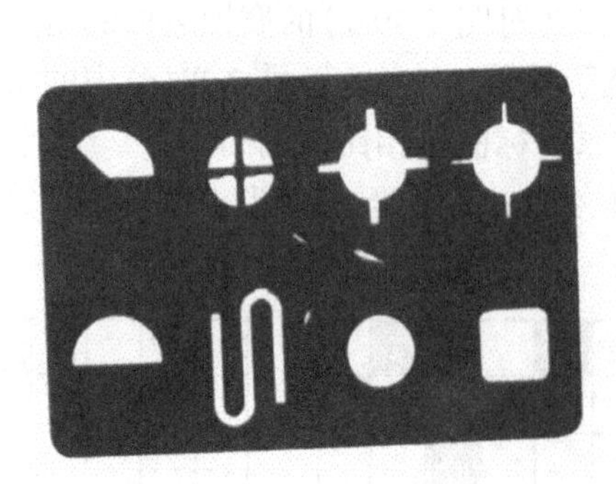

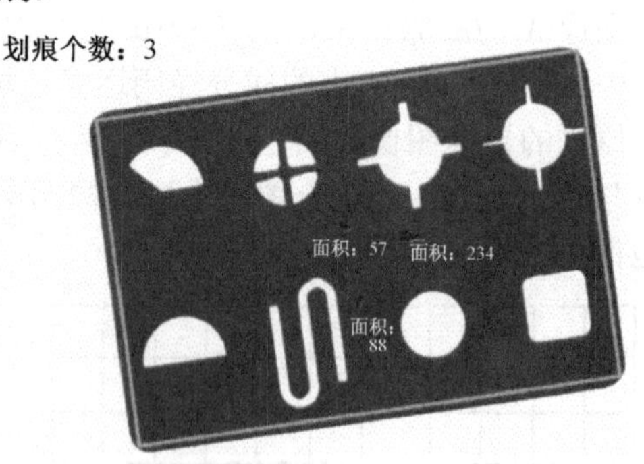

图 7.41　划痕检测实验的金属样品图

2. 实验硬件的架设

参考 7.2 节的实验硬件的架设部分内容。

3. 软件操作

1）准备

在计算机桌面找到"MVTec HDevelop"软件，双击图标进入系统。

单击"打开工程(O)..."后，在对话框中选择"划痕检测"，单击"打开"按钮，进入实验界面。

2）实验流程内的工具

在实验界面的左下角显示如图 7.42 所示的工具栏。

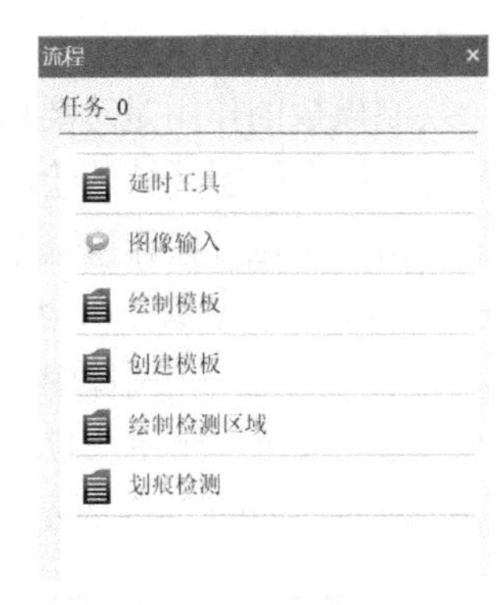

图 7.42　实验流程工具栏

3）单步执行各工具或直接执行完整实验

同 7.2 节的软件操作步骤 3)，单击界面右上角运行按钮▶，单步执行各工具(如单步执行"图像输入"，如图 7.43 所示)；或者单击运行按钮▷，直接执行完整实验，如图 7.44 所示。

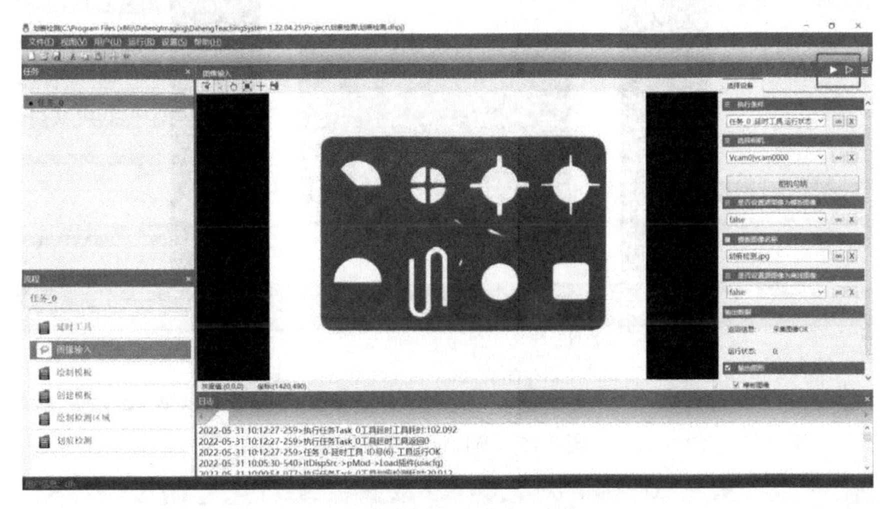

图 7.43　单步执行图像输入的结果

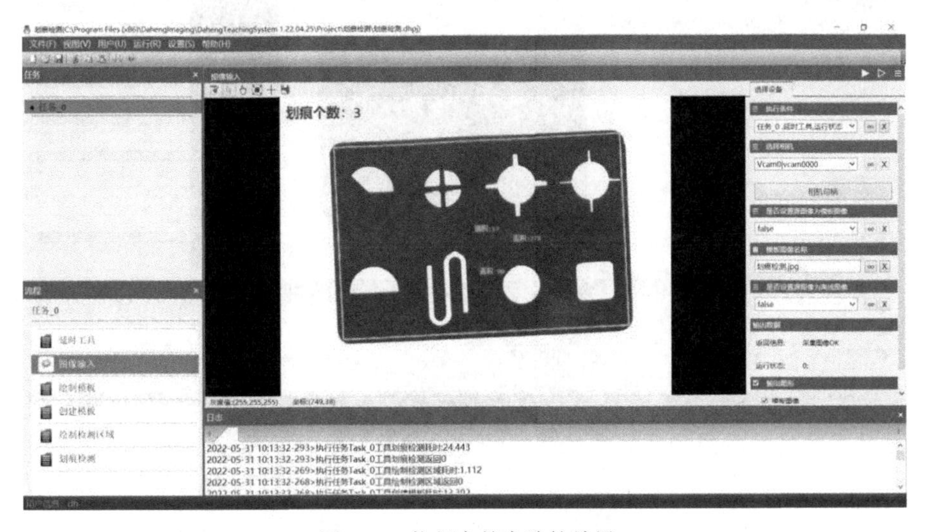

图 7.44　执行完整实验的结果

4）图像输入

需要输入待检测图片或模板图片，相同的操作参见 7.2 节的软件操作步骤 4）。

5）绘制模板

绘制模板的作用是对要检测的金属片进行定位，并划定划痕区域。在本实验中，该工具主要完成模板匹配区域的绘制。

单击单步运行按钮，窗口读入模板图像，如图 7.45 所示。单击参数栏里“绘制区域”的画笔按钮，图像窗口会出现一个图案；单击此图案，弹出如图 7.46 所示的对话框。选中“矩形”按钮，在图像中金属片的位置绘制模板匹配区域。然后，在绘制区域对话框内单击“添加”按钮，如图 7.47 所示。关闭绘制区域对话框，再单击“运行”按钮就可以得到模板匹配区域，如图 7.48 所示。

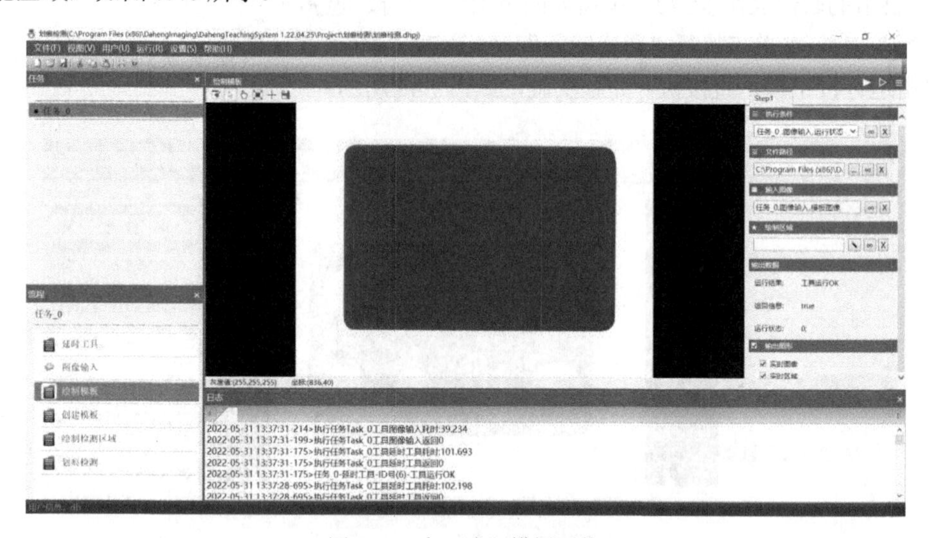

图 7.45　窗口读入模板图像

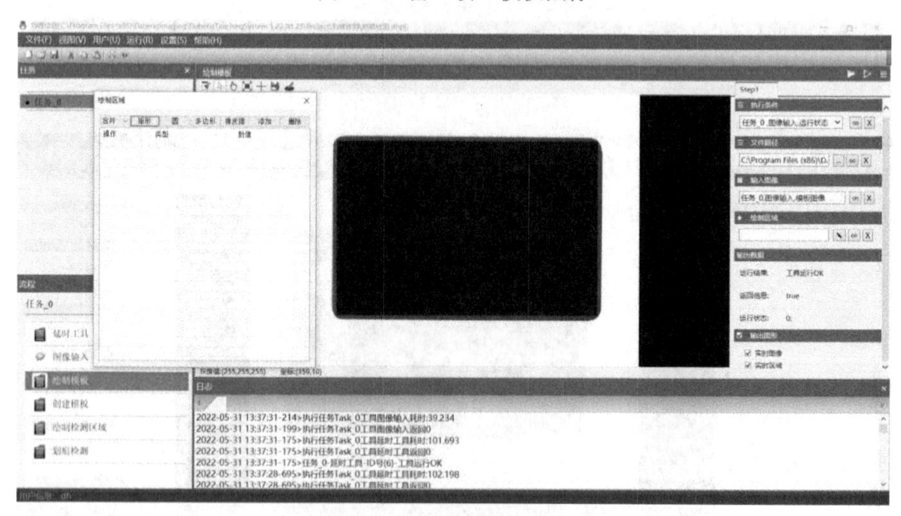

图 7.46　绘制矩形模板区域

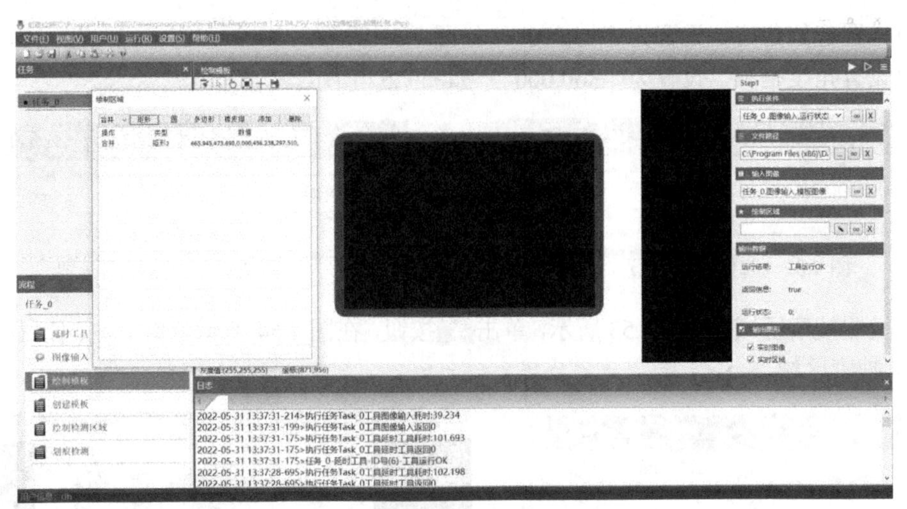

图 7.47　添加模板

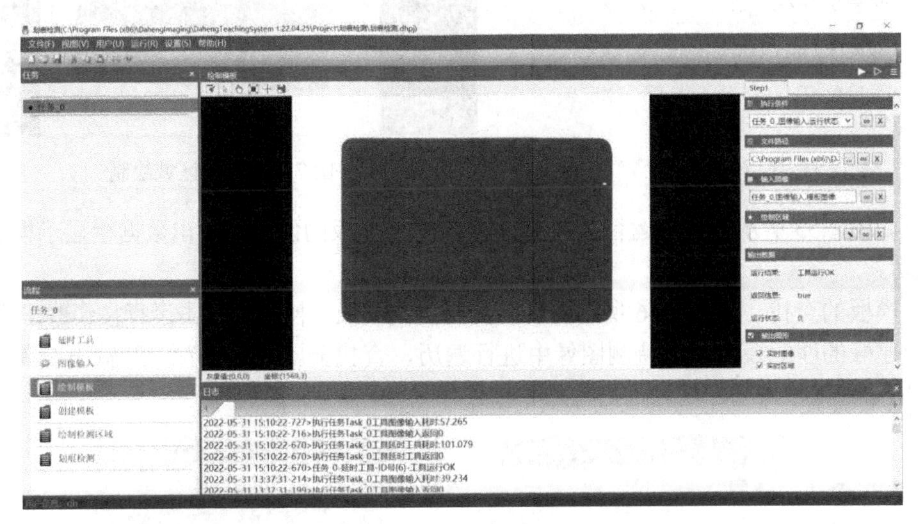

图 7.48　绘制模板完成

6) 创建模板

创建模板工具的功能包括创建模板和查找模板。其中，创建模板的主要功能是在模板搜索时，设置模板匹配类型、模板的搜索区域、匹配分数、贪心算法和金字塔层数等参数；查找模板的主要功能是用已经创建好的模板，查找待测图像中金属片的位置，并输出结果数据。

(1) 在创建模板工具栏中，先设置“创建模板”栏 创建模板 的参数。设置参数可见级别，选择“专业”，如图 7.49 所示。

(2) 设置模板匹配类型，选择“形状模板匹配”，如图 7.50 所示。

图 7.49　参数可见级别设置

图 7.50　模板匹配类型设置

(3) 设置起始角度，设置为“–5.000”，如图 7.51 所示。

(4) 设置角度范围，设置为“360.000”，如图 7.52 所示。

图 7.51　起始角度设置

图 7.52　角度范围设置

(5) 设置搜索区域，如图 7.53 所示，单击按钮，在图 7.54 所示窗口中，按住鼠标左键，拖动绘制搜索区域。

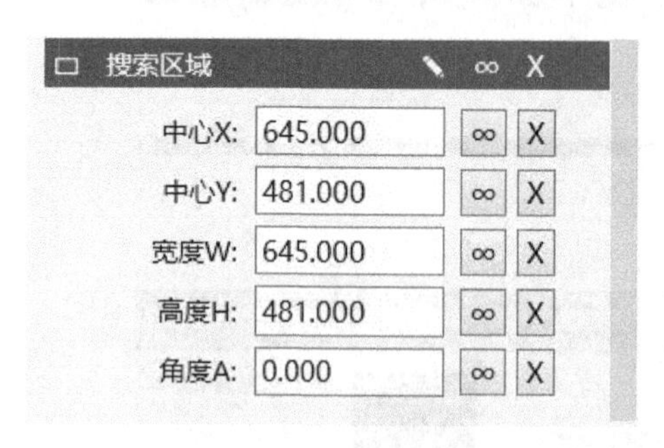

图 7.53　搜索区域设置

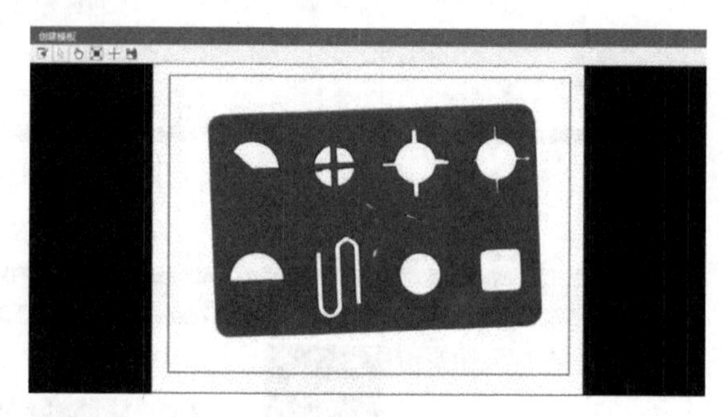

图 7.54　搜索区域绘制

(6) 如图 7.55 所示，单击运行按钮，即可完成模板的创建，输出数据栏显示模板是否创建成功。

(7) 模板的查找，如图 7.56 所示。切换到“查找模板”栏后，单击运行按钮，利用步骤 (6) 创建好的匹配模板，在待测图像中进行遍历，查找金属片的位置，并输出金属片在图像中的坐标、偏移角度、模板查找结果等参数。

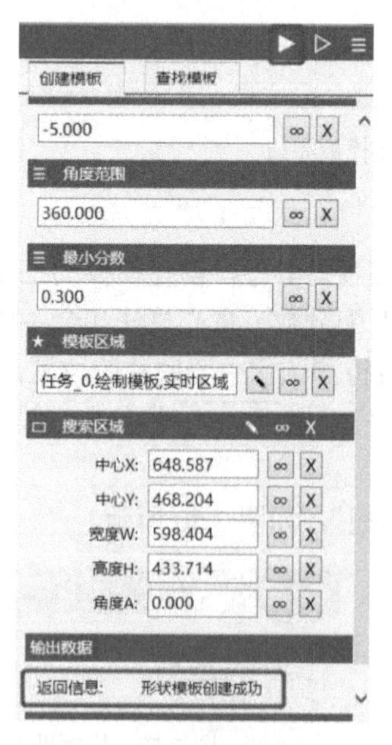

图 7.55　运行“创建模板”

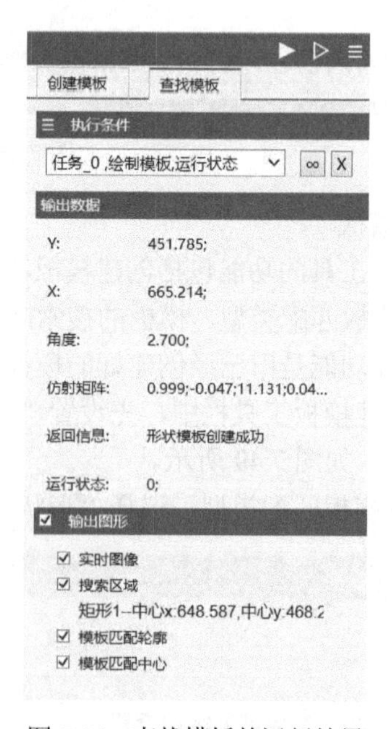

图 7.56　查找模板的运行结果

7) 绘制检测区域

在待测图片中，划定检测形状模板的区域。

(1) 选中划痕检测实验的“绘制检测区域”工具，单击运行按钮▶，窗口读入模板图像后，进行检测区域的绘制，如图 7.57 所示。

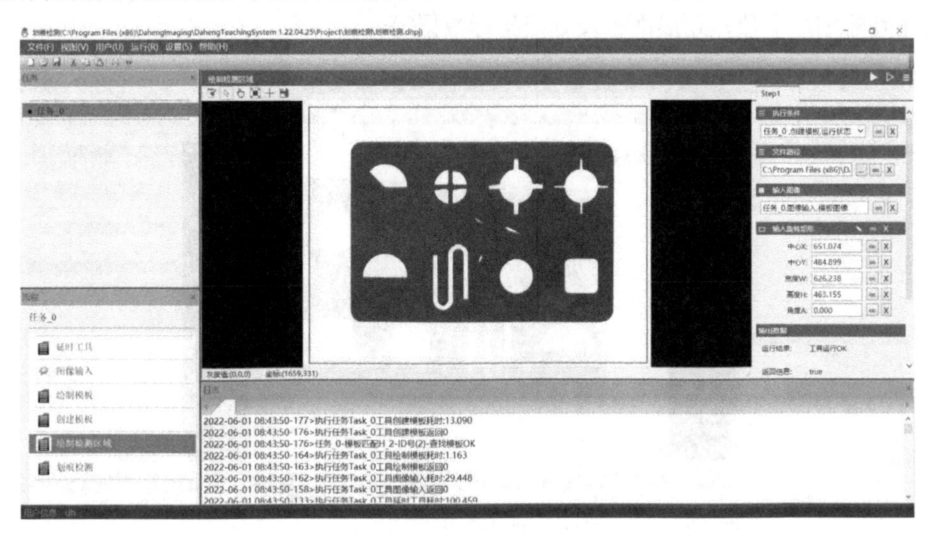

图 7.57　读入模板图像

(2) 如图 7.58 所示，单击“输入旋转矩阵”参数栏中的画笔按钮，然后拖动鼠标在图形窗口中划定检测区域，再单击运行按钮▶，模板检测区域创建完成。

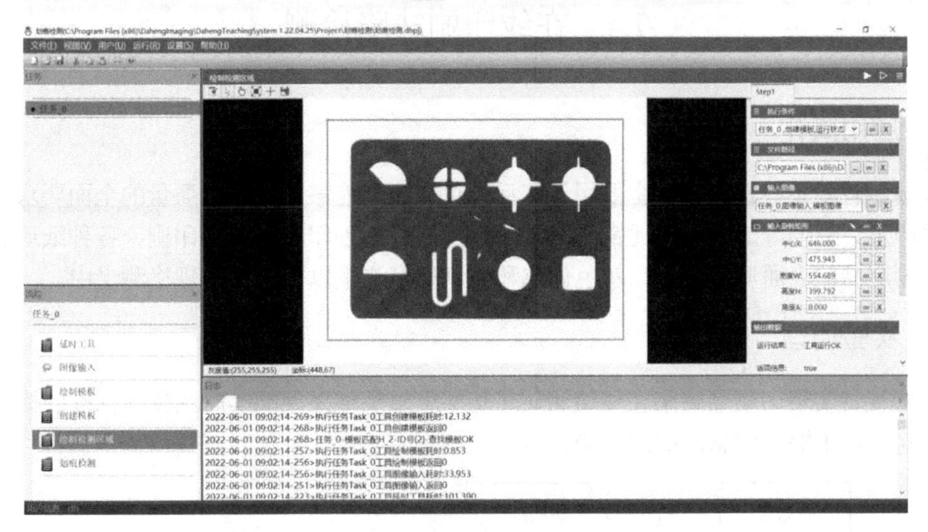

图 7.58　划定检测区域

8) 划痕检测

已确定待检测金属片的位置，该步骤对检测区域内的图像进行阈值分割，确定划痕区域，对划痕区域进行分析，得到划痕区域的面积。选中划痕检测工具，单击运行按钮▶，得到实验结果。

判断是否为划痕区域的依据如下。

(1) 检测到的区域面积值：如果区域面积值在所设的面积值区间内，该区域为划痕区域，反之则不是划痕区域。

(2)划痕椭圆系数值：如果划痕椭圆系数在设定值区间内，该区域为划痕区域，反之则不是划痕区域。

运行结束显示的内容如图 7.59 所示，包括实验结果的图像、反馈程序是否运行成功的信息、检测到的划痕个数、划痕面积及划痕坐标数据等。

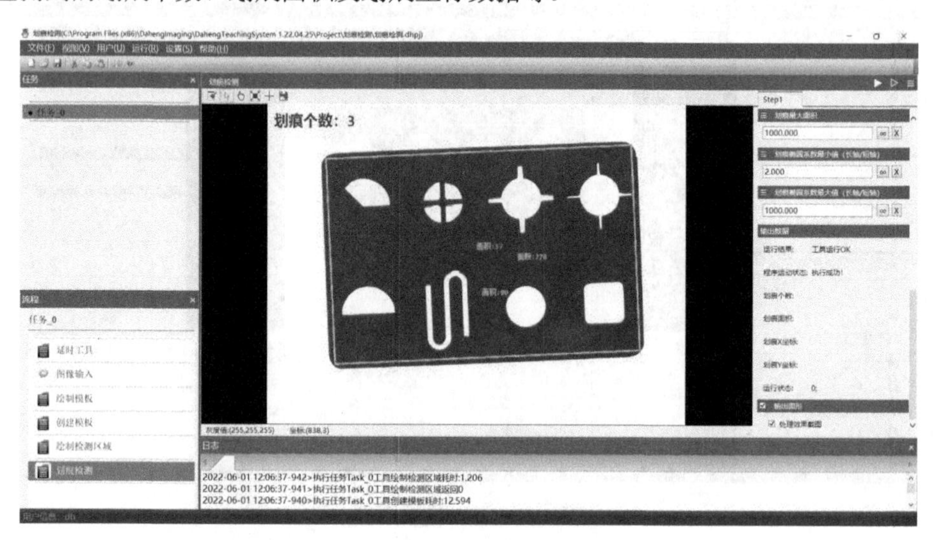

图 7.59　划痕检测结果

7.4　在线印刷缺陷检测

7.4.1　应用简介

在印刷行业中，机器视觉主要用于印后质量检测，能够确保印刷质量的全面要求，满足客户对印量、周期等的需求，通常应用于商标印刷、标签印刷、票据印刷、各种纸质的胶印品等印刷产品的表面质量检测、颜色偏色和混色程度测量以及产品的规格测量中。

7.4.2　实验原理

机器视觉实现印刷品缺陷在线检测，其基本思想是将采集的实时图像与标准的模板图像进行比对，找出缺陷信息，如图 7.60 所示。

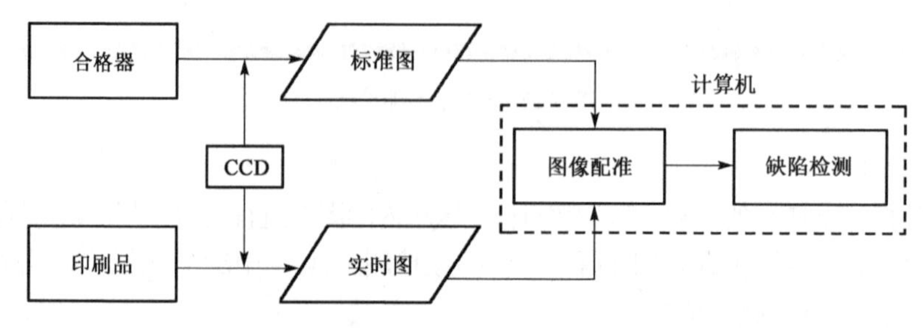

图 7.60　机器视觉缺陷检测的基本流程

目前，比较经典的三大类印刷品缺陷检测算法是：图像差分法、分区域比较法和分层检测法。下面简要介绍这三类算法。

1. 图像差分法

图像差分法实际上就是两幅图像之间的相减运算，这种方法能直观地给出两幅图像对应像素的灰度差值。

设标准模板图像为 $T(i,j)$，已配准的待检测图像为 $S(i,j)$，则它们的差分图像 $D(i,j)$ 为

$$D(i,j)=\left|S(i,j)-T(i,j)\right| \tag{7.7}$$

式(7.7)表示这两幅图像对应像素灰度值的绝对差值，$D(i,j)$ 值越小，说明两者的差别越小，两幅图像越相似。图像差分法算法简单、易实现、结果直观、执行速度快。图像差分法给出的图像差异信息是单像素的，但对两幅图像的配准精度要求高，微小的配准误差对差分结果影响较大。在实际的应用中，要求检测或者识别的目标是具有一定实际意义、一定面积地聚集在一起的差异信息，所以仅用图像差分法不能达到预期的效果。

2. 分区域比较法

如图 7.61 所示，分区域比较法的基本思路是：假设标准图像与待检测图像的大小均为 $W\times H$ 个像素，按照相同的方式，把两幅图像分为若干个大小均为 $M\times N$ 的小区域，计算两幅图像中对应的每组小区域之间的相似性，根据相似性度量值来确定相似程度。若某个小区域里存在缺陷或者异常信息，则它与标准图像中对应的小区域间的相似度偏低，可以预先设定一个阈值，用每一组对应小区域间的相似性度量值与之比较，若小于该阈值，则认为该区域里存在缺陷或异常信息。

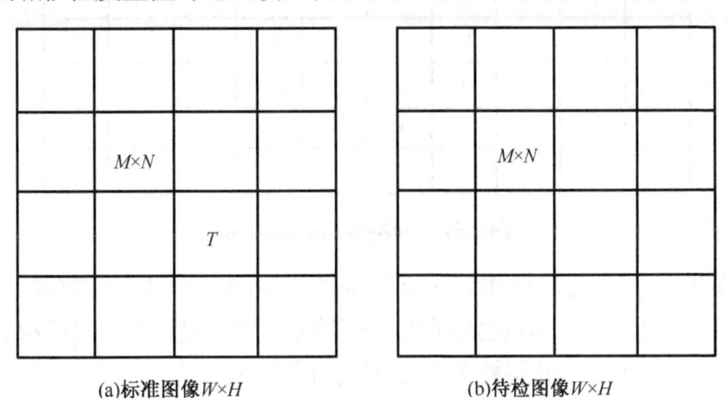

(a)标准图像 W×H　　(b)待检图像 W×H

图 7.61　分区域检测的原理图

通常，用归一化互相关系数的大小来衡量两幅图像对应小区域间的相似性，归一化互相关系数的计算公式如下：

$$R_{(i,j)}=\frac{\sum_{m-1}^{M}\sum_{n-1}^{N}S^{i,j}(m,n)\times T^{i,j}(i,j)}{\left[\sum_{m-1}^{M}\sum_{n-1}^{N}[S^{i,j}(m,n)]^2\right]^{\frac{1}{2}}\left[\sum_{m-1}^{M}\sum_{n-1}^{N}[T^{i,j}(m,n)]^2\right]^{\frac{1}{2}}} \tag{7.8}$$

其中，$S^{i,j}$ 表示待检图像中位于 (i,j) 处的子图；$T^{i,j}$ 表示标准图像中位于 (i,j) 处的子图。用归一化的互相关系数 $R(i,j)$ 衡量相似性，可减少图像局部灰度的突发性强弱对度量结果的影响。

区域划分得越小，检测精度越高，计算量越大，算法执行的速度也越慢。相对于图像差分法，分区域比较法需执行多次乘法运算，所以执行速度较慢，实时性不高；但分区域比较法能够检测到像素灰度值差异较小、面积较大的缺陷区域，能确定缺陷区域在待检图像中的大致位置。

3. 分层检测法

如图 7.62 所示，分层检测算法的基本思路是：首先对图像进行 A、B、C、D 分层，分层的多少依据检测系统的精度而定。然后进行隔点检测，对 A 点进行检测，如果当前被检测点 A 合格，则跳到下一个检测点 A；如果当前检测点 A 不合格，则要对其周围的三个四邻域像素点 B 进行检测，若发现所有像素点 B 都合格，则跳到下一个检测点 A，认为当前的不合格 A 点是由于偶然误差引起的；若发现当前检测的像素点 B 也不合格，则需要对 B 周围的三个四邻域像素点 C 再做进一步的检测，如此循环往复，通过对检测点 A 周围不合格点的个数进行统计，并与预先设定的阈值 T 进行比较，如果小于阈值 T，则认为该像素点 A 合格，周围不合格点是由偶然误差引起的，结束本次搜索跳转到下一个检测点 A；如果大于阈值 T，则认为该像素点不合格，进而认为该印刷品为次品，结束整个搜索过程。

				A					
				D					
			D	C	D				
		D	C	B	C	D			
A	D	C	B	A	B	C	D	A	
		D	C	B	C	D			
			D	C	D				
				D					
				A					

图 7.62　分层检测的原理图

由分层检测原理可知，分层检测算法可减少需要检测的像素点的数量，从而缩短检测时间，因此算法的实时性较好。但实践证明，该算法可能出现漏检的情况，例如，当出现如图 7.63 所示的缺陷形状时，分层检测算法不能将其检测出来。综上可知，该算法虽然提高了算法的执行速度，同时也降低了检测的精准性。

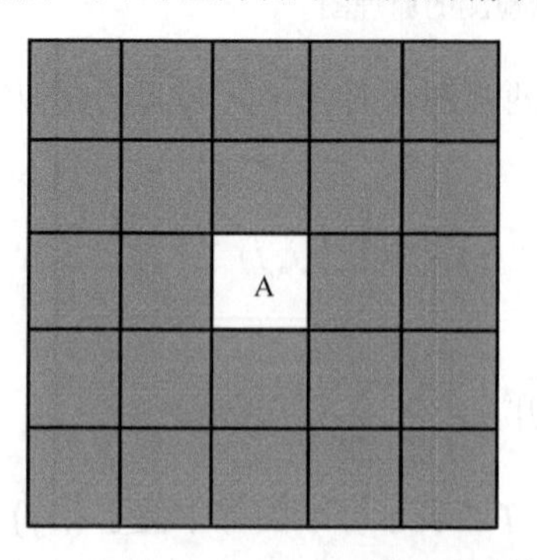

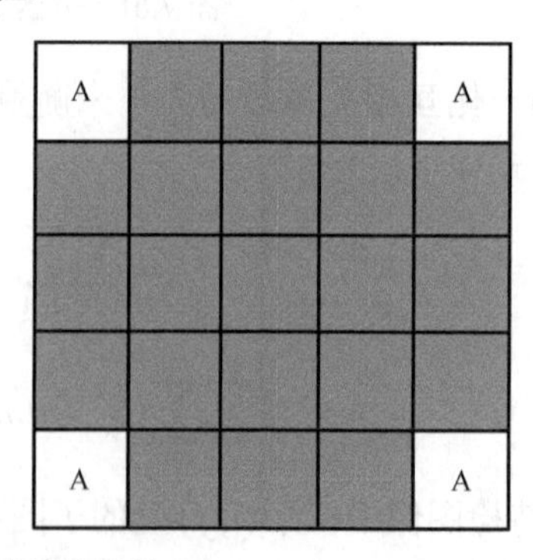

图 7.63　特殊缺陷形状

7.4.3　算法逻辑流程图

图像处理的算法逻辑流程如图 7.64 所示。

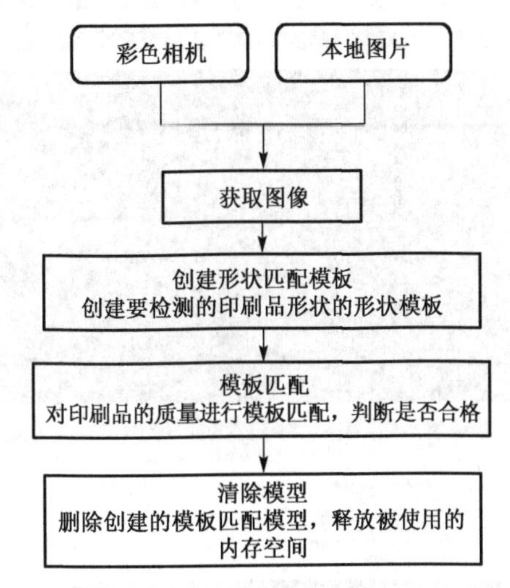

图 7.64　在线印刷缺陷检测图像处理的流程

7.4.4　软硬件操作步骤

1. 实验任务

检测如图 7.65 所示的圆形印刷卡片。

图 7.65　印刷检测卡片

2. 实验硬件的架设

详见 7.2 节的实验硬件的架设部分内容。

3. 软件操作

1)准备

在计算机桌面找到“MVTec HDevelop”软件，双击图标进入系统。

单击“打开工程(O)...”后，在对话框中选择“印刷检测”，单击“打开”按钮，进入实验界面，如图 7.66 所示。

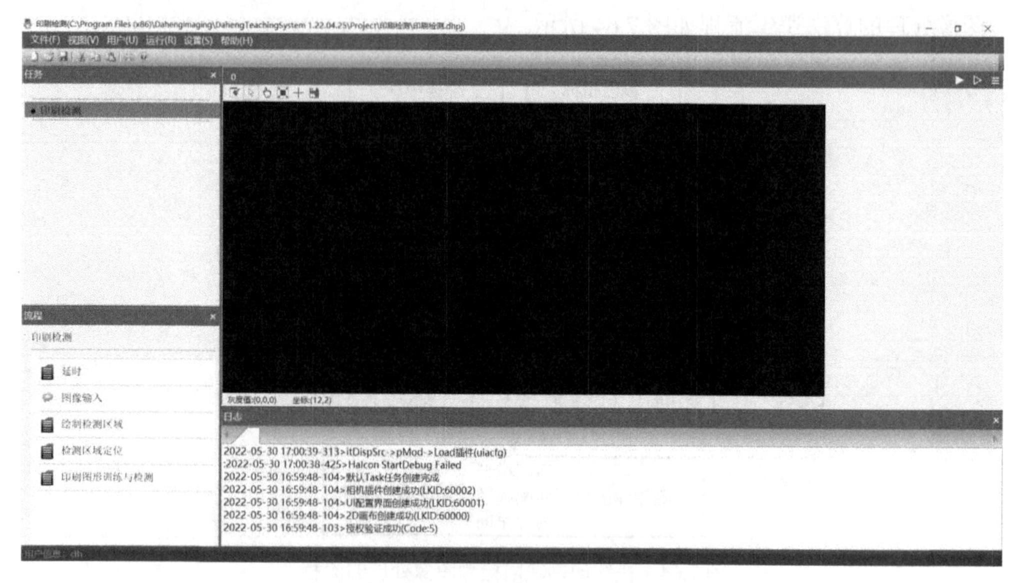

图 7.66　印刷检测实验主界面

2)实验流程内的工具

在实验界面的左下角显示如图 7.67 所示的工具栏。

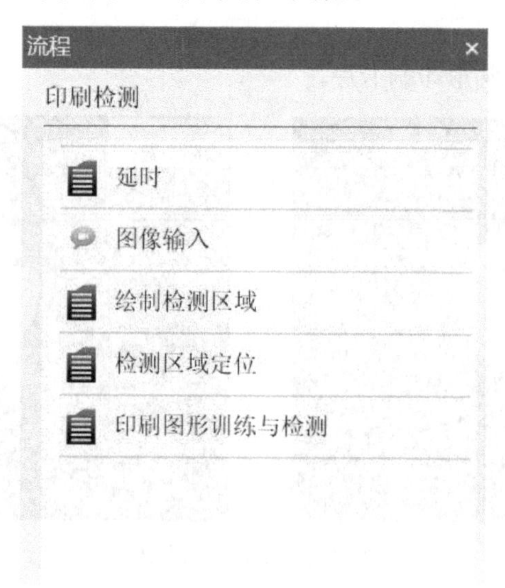

图 7.67　实验流程工具栏

3)单步执行各工具或直接执行完整实验

同 7.2 节的实验软件操作步骤 3)，可以单击运行按钮▶单步执行各工具；或者单击运行按钮▷直接执行完整实验，如图 7.68 所示。

4)图像输入

图像输入的操作参见 7.2 节的软件操作步骤 4)。

图 7.68　运行完整实验得到最终结果

5）绘制检测区域

（1）进入印刷检测实验的“绘制检测区域”工具，单击运行按钮，窗口读入模板图像，对其进行模板区域的划定，绘制圆形的模板匹配区域，如图 7.69 所示。

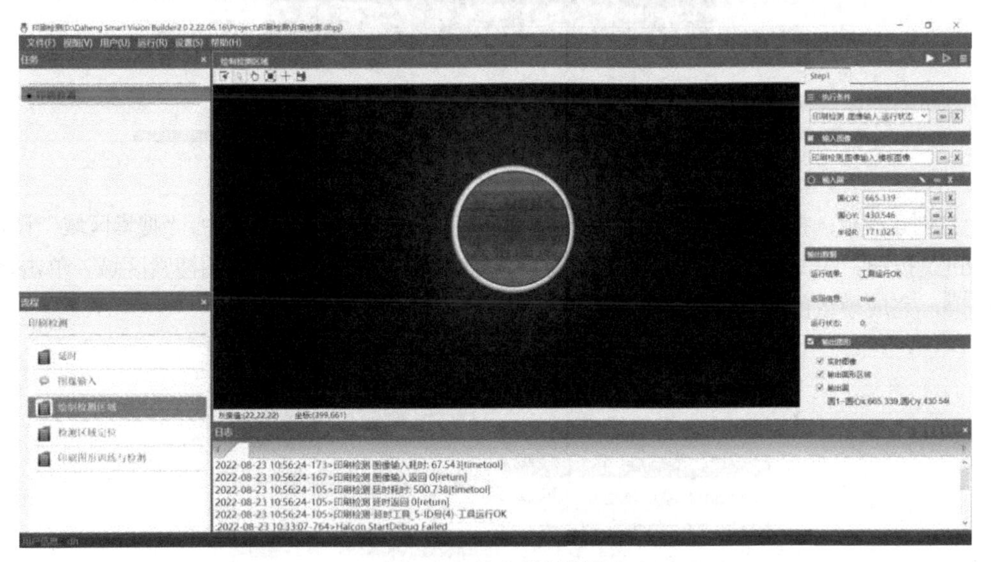

图 7.69　读入模板图像

（2）单击输入圆参数框右上角的画笔按钮，单击窗口，在圆形印刷卡片的边缘生成一个圆形区域，如图 7.70 所示。

（3）单击运行按钮，得到模板检测区域，如图 7.71 所示。

6）检测区域定位

检测区域定位工具的主要作用是根据“绘制检测区域”工具绘制的圆形区域，创建用于印刷检测的模板。该步骤实现创建模板或查找模板。

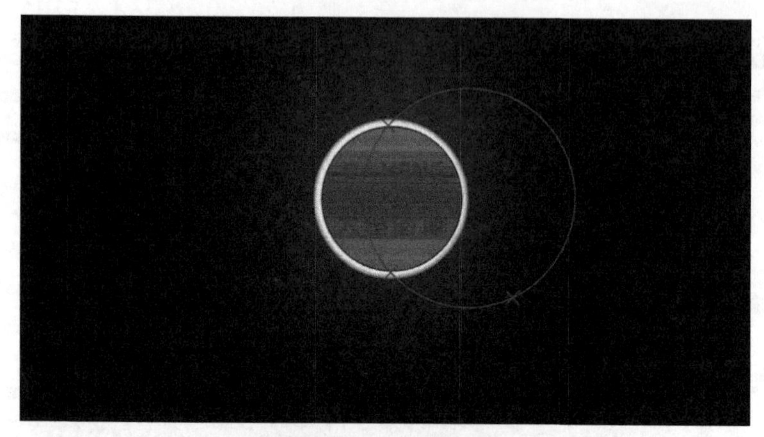

图 7.70　绘制圆形区域

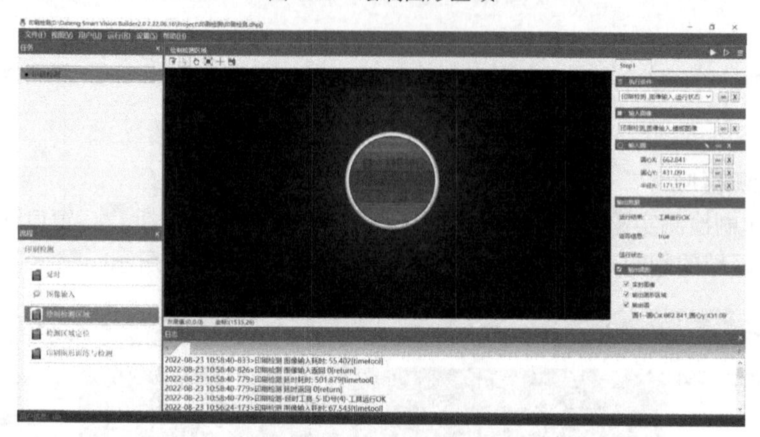

图 7.71　得到模板检测区域

(1) 创建模板：按照图 7.72 设置“创建模板”栏 创建模板 的参数。其中，“搜索区域”设置，需单击按钮，在如图 7.73 所示的图形窗口，按住鼠标左键，拖动绘制搜索区域，单击运行按钮，完成模板的创建。

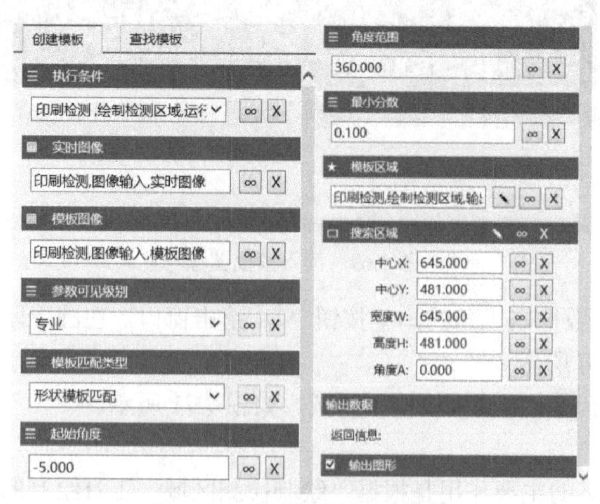

图 7.72　“创建模板”参数栏

图 7.73　绘制搜索区域

⑵ 查找模板：如图 7.74 所示，设置“查找模板”栏的参数。单击运行按钮▶，对图像中的区域进行模板匹配，得到模板区域，如图 7.75 所示。

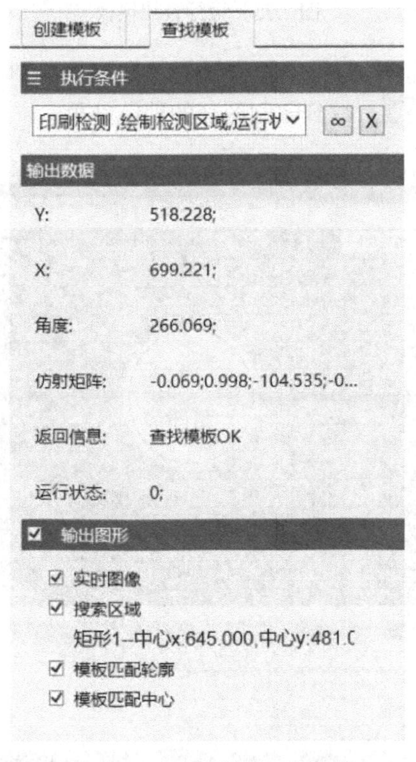

图 7.74　“查找模板”参数栏

7）印刷图形训练与检测

将读入的图像按照不同特征拆分，对每一类图像进行训练识别，记录图像特征，以便识别不同光照和不同角度拍摄的待测图像。

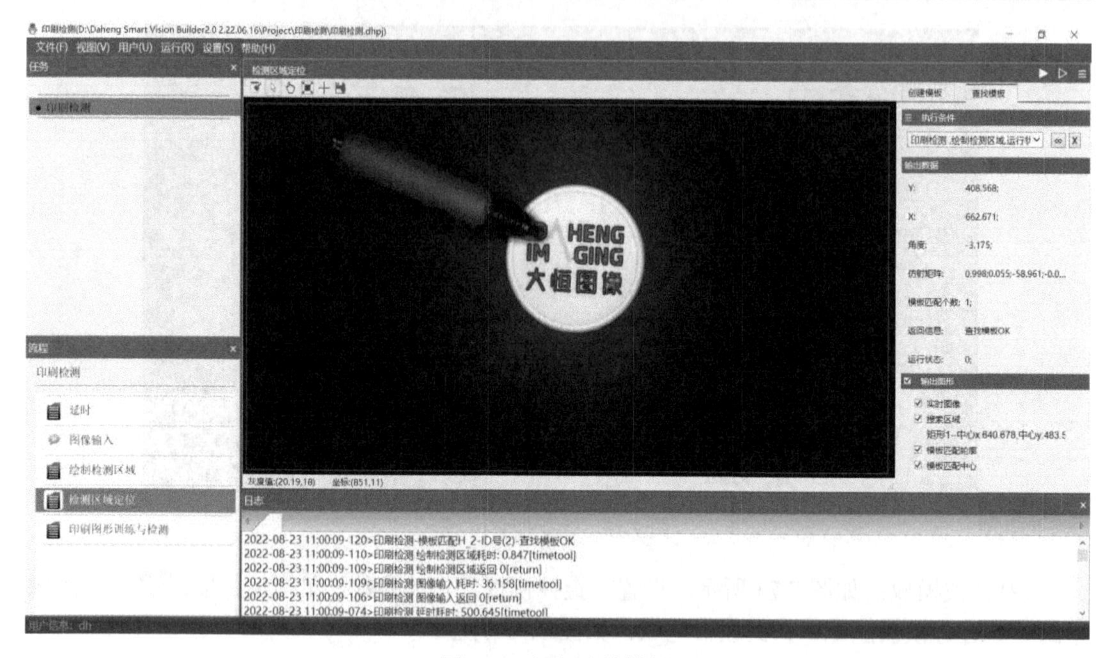

图 7.75　运行查找模板

(1) 在印刷图形训练与检测工具中，先设置“印刷图像训练”栏 印刷图... 的参数。如图 7.76 所示，单击运行按钮▶，得到印刷图形的训练结果。

图 7.76　印刷图像训练结果

(2) 印刷检测：设置“印刷检测”栏的参数，单击运行按钮▶，得到印刷检测结果，运行结束显示的内容如图 7.77 所示，包括实验结果图像、反馈程序是否运行成功的信息、检测到的缺陷个数、面积及坐标等数据。

图 7.77　印刷检测结果

7.5　二维码识别

7.5.1　应用简介

随着移动设备和互联网技术的普及，尤其是智能手机及其摄像头成像能力的提升，为了提高向机器输入信息的速度，二维码技术在各个领域得到了广泛的应用，如二维码支付、二维社交码、共享单车二维码等。

7.5.2　实验原理

1. 二维码概念

二维码是用某种特定的几何图形按一定的规律在平面上(二维方向上)分布的、黑白相间的、记录数据符号信息的图形，如图 7.78 所示。在代码编制上，巧妙地利用构成计算机内部逻辑基础的“0”“1”比特流的概念，使用若干个与二进制相对应的几何形体来表示文字数值信息，通过图像输入设备或光电扫描设备自动识读，以实现信息自动处理。

图 7.78　二维码示意图

2. 二维码的分类

二维码的种类很多，不同的机构开发出的二维码具有不同的结构以及编写、读取方法。主要有如图 7.79 所示的堆叠式二维码(又称行排式二维条码、堆积式二维条码或层排式二维条码)和如图 7.80 所示的矩阵式二维码(又称棋盘式二维条码)两类。

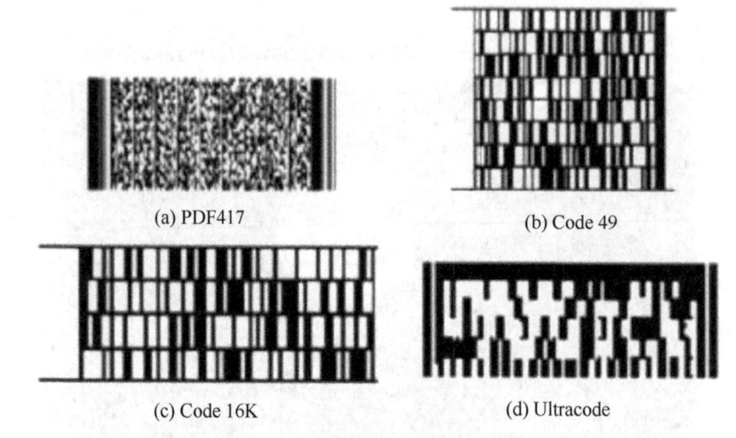

图 7.79　常见的堆叠式二维码

图 7.80　矩阵式二维码

QR Code 解码速度快，是目前应用最为普遍的一种二维码，其结构如图 7.81 所示。

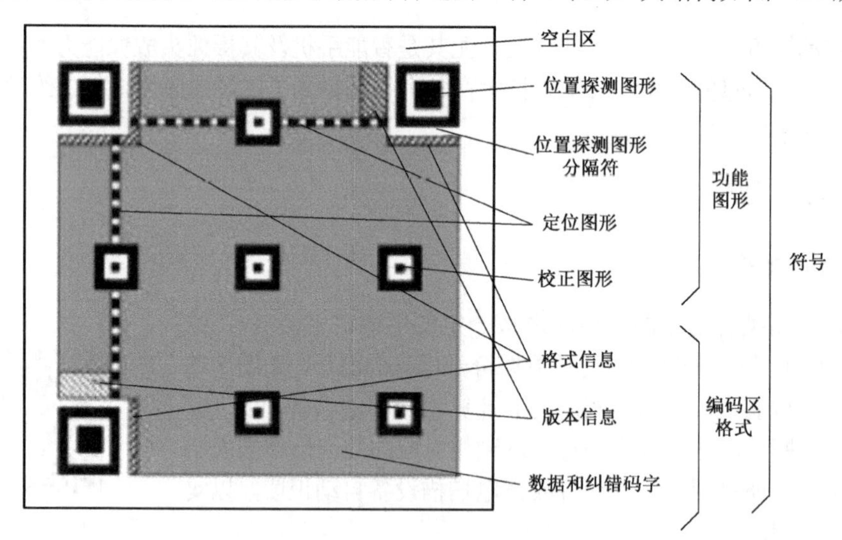

图 7.81　QR Code 结构示意图

① 位置探测图形、位置探测图形分隔符、定位图形：用于对二维码的定位，对每个 QR 码来说，位置都是固定存在的，只是大小规格有所差异。

② 校正图形：规格确定，校正图形的数量和位置也确定。

③ 格式信息：表示二维码的纠错级别，分为 L(7%的字码可被修改)、M(15%的字码可被

修改)、Q(25%的字码可被修改)、H(30%的字码可被修改)四个级别，级别越高，纠错能力越强。

④ 版本信息：即二维码的规格，QR 码符号共有 40 种规格的矩阵(一般为黑白色)，从 21×21(版本 1)，到 177×177(版本 40)，每一版本符号比前一版本每边增加 4 个模块。

⑤ 数据和纠错码字：实际保存的二维码信息和纠错码字(用于修正二维码损坏带来的错误)。

3. 二维码的识别

当利用相机采集到包含二维码的图像后，可经过二维码定位、分割和解码三个步骤完成二维码的识别。

步骤一：定位

二维码定位是实现识别的基础，对有明显二维码特征的区域进行定位，然后根据不同二维码的定位图像结构特征，对不同的二维码符号进行进一步的处理，大体的实现过程如下。

(1) 利用点运算的阈值理论将采集到的图像变为二值化图像，即对图像进行二值化处理；

(2) 得到二值化图像后，对其进行膨胀运算；

(3) 对膨胀后的图像进行边缘检测得到二维码区域的轮廓；

(4) 确定寻象图形；

(5) 探测图形中心坐标；

(6) 确定两个距离；

(7) 确定版本号；

(8) 构造位图；

(9) 得到纠错等级和掩膜图形。

其中，定位图形如图 7.82 所示。

(a) QR Code定位图形　(b) Maxi Code定位图形　(c) Data Matrix定位图形

图 7.82　二维码定位图形示意图

步骤二：分割

(1) 将原图像按比例缩小进行分割，计算其特征值；

(2) 分块继承父块纹理类型，结合其周围纹理类型进行修正；

(3) 重复步骤(2)至图像被划成 2*2 大小，分割结束；

(4) 分割结束后，出现的孤立的小区域可作为噪声删除。

步骤三：解码

得到一幅标准的二维码图像后，对该符号进行网格采样，对网格每一个交点上的图像像素取样，并根据阈值确定是深色块还是浅色块。构造一个位图，用二进制的“1”表示深色像素，“0”表示浅色像素，从而得到条码的原始二进制序列值，然后对这些数据进行纠错和译码：

(1) 异或处理；

(2) 确定符号码字；

(3) 重新排列码字序列；

(4) 执行错误检测和纠错译码程序。

最后根据条码的逻辑编码规则把原始的数据位流换成数据码字。

7.5.3　算法逻辑流程图

图像处理的算法逻辑流程如图 7.83 所示。

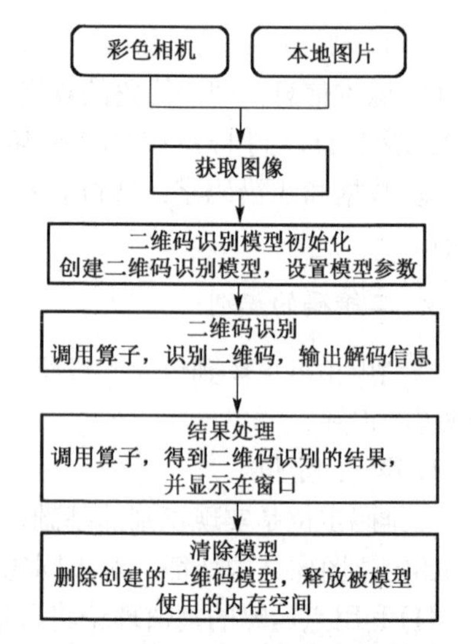

图 7.83　二维码识别实验的图像处理流程

7.5.4　软硬件操作

1. 实验任务

检测如图 7.84 所示的二维码识别样品。

图 7.84　二维码识别样品

二维码识别

图像输入

延时工具

二维码识别、显示

图 7.85　实验流程工具栏

2. 实验硬件的架设

详见 7.2 节的实验硬件的架设部分内容。

3. 软件操作

1) 准备

计算机桌面找到“MVTec HDevelop”软件，双击图标进入系统。单击“打开工程(O)...”后，在对话框中选择“二维码识别”，单击“打开”按钮，进入实验界面。

2) 实验流程内的工具

在实验界面的左下角显示如图 7.85 所示的工具栏。

3) 单步执行各工具或直接执行完整实验

同 7.2 节的软件操作步骤 3)，可以单击运行按钮▶单步执行各工具，或单击运行按钮▷直接执行完整实验，如图 7.86 所示。

图 7.86　运行完整二维码识别实验

4）二维码识别及显示

读取输入的图像，并对该图像中的二维码进行识别，结果显示于前台界面。需进入图像二维码识别“二维码识别、显示”工具，单击运行按钮▶，识别结果如图 7.87 所示。

图 7.87　二维码识别结果

参 考 文 献

代小红, 2012. 基于机器视觉的数字图像处理与识别研究. 成都: 西南交通大学出版社.

固高科技(深圳)有限公司, 2005. 倒立摆与自动控制原理实验.

固高科技(深圳)有限公司, 2010a. 磁悬浮实验装置安装使用说明与自动控制原理实验.

固高科技(深圳)有限公司, 2010b. 机电一体化技术综合实训平台实验指导书.

固高科技(深圳)有限公司, 2012. 球杆系统用户手册和实验指导书.

罗忠, 郝丽娜, 房立金, 等, 2023. 机械工程控制基础. 4 版. 北京: 科学出版社.

罗忠, 王菲, 马树军, 等, 2023. 机械工程控制基础学习辅导与习题解答. 3 版. 北京: 科学出版社.

宋伟刚, 罗忠, 2009. 机械电子工程实验教程. 北京: 冶金工业出版社.

王菲, 罗忠, 鄂晓宇, 等, 2014. 机械工程控制基础实验教程. 北京: 科学出版社.

西安唐都科教仪器公司, 2008. 计算机控制技术实验教程.

西安唐都科教仪器公司, 2012. 自动控制原理实验教程.

中国大恒(集团)有限公司北京图像视觉技术分公司, 2022. 大恒图像机器视觉教学实验系统实验教程.

STEGER C, ULRICH M, WIEDEMANN C, 2019. 机器视觉算法与应用. 2 版. 杨少荣, 吴迪靖, 段德山, 译. 北京: 清华大学出版社.

附　录　一

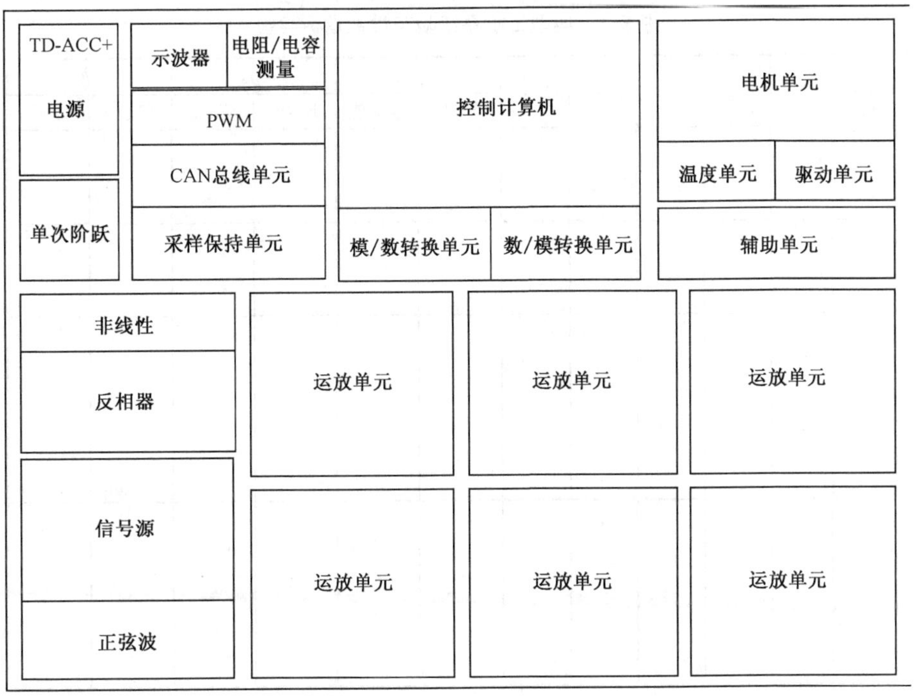

TD-ACC+
电源
单次阶跃
示波器
电阻/电容测量
PWM
CAN总线单元
采样保持单元
控制计算机
模/数转换单元
数/模转换单元
电机单元
温度单元
驱动单元
辅助单元
非线性
反相器
信号源
正弦波
运放单元
运放单元
运放单元
运放单元
运放单元
运放单元

附图 1　模拟平台布局图

附　录　二

附表 1　典型二阶系统瞬态性能指标实验

参数 项目	$R/\mathrm{k}\Omega$	K	ω_n	ξ	$C(t_p)$	$C(\infty)$	$M_p/\%$		t_p/s		t_s/s		响应 情况
							理论值	测量值	理论值	测量值	理论值	测量值	
$0<\xi<1$ 欠阻尼													
$\xi=1$ 临界阻尼													
$\xi>1$ 过阻尼													

附表 2　典型二阶系统瞬态性能指标实验

$R/\mathrm{k}\Omega$	开环增益 K	稳定性